JN027796

ガロア理論 12 講

概念と直観でとらえる現代数学入門

Galois theory

Fumiharu Kato

加 藤 文 元

KADOKAWA

ガロア理論 12 講

概念と直観でとらえる現代数学入門

はじめに

　この本の内容は 2020 年 4 月から 2021 年 3 月まで「N 予備校 ガロア理論特別講義」で筆者が行った講義の内容と，そこで用いたレジュメがもとになっている。ガロア理論とは 19 世紀前半のエヴァレスト・ガロア（1811 〜 1832）によるもので，2 次方程式や 3 次方程式，一般に n 次方程式などの「代数方程式」がいつ代数的に解けるかという問題に解答を与える理論である。ガロア理論は現代数学の基底をなす重要理論であり，しかもその中でも花形でもあり，初学者から数学愛好家にいたるまで多くのファンを魅了してきた。同時にそれは，現代の主要な抽象代数学にも通底する深い内容をもち，それだけに初等的な代数学とは一線を画した，ハイレベルの数学理論としても有名だ。

「5 次以上の一般代数方程式は代数的な解の公式をもたない」というアーベル・ルフィニの定理にも典型的に見られるように，初めてこの理論に触れる人は，その意外性に心を打たれる。そしてその意外性は，なにしろ理論の対象が代数方程式という比較的に初等的なものであることもあって，ある程度数学に意欲的な人であれば誰でも感じることができる。しかし，それは理論自体が初等的であるということを意味しない。むしろガロア理論は群や体などの抽象的な代数学の概念が活躍する高水準の数学理論であり，これを理解することはなかなか難しい。それだけにガロア理論を体得できた人は，その美しさと深さに感動し，大きな達成感を味わうことができるだろう。そういう意味でも，代数方程式のガロア理論は大変チャレンジングな理論であるし，誰でもチャレンジするだけの価値が十分にある理論だとも言えるだろう。

　そのためガロア理論への入門的な書籍は多く，そのうちのいくつかは本書で

も参考図書として巻末に挙げている。その中にあって筆者による「N 予備校ガロア理論特別講義」の（したがって本書の）立場は，

- 理論の本質をできるだけ簡潔に素描すること
- 同時に現代数学のフレーバーも味わえること

を目指すというものである。

　最初の点が意味するところは，少々荒削りでも，できるだけ本質をそのままの形でお見せしたいということだ。特に本書の読者の中には数学に意欲的な中高生や，専門課程での数学を学んだことのない数学愛好家も多いだろう。そこで，技術的に困難な点は（それが重要定理の証明であっても）思い切って省略し，ガロア理論という理論の骨格をできるだけ直観的に体得できるようなものを目指している。他方，2 番目の「現代数学のフレーバー」という観点はこれとは少々矛盾する立場であり，できるだけ現代数学の概念や議論の精密さ，そしてそのパワーにも触れてほしいというものである。

　そのため，本書ではガロア理論の各ステップをできるだけ網羅的に論じ，特にそこで用いられる群や置換，正規部分群，体拡大などの現代的な概念は省略せず，例題や演習問題をふんだんに用いて丁寧に説明することを目指した。その反面（例えばガロア拡大の特徴付けの証明など）技術的に困難な議論は省略してでも，理論の本質的な「姿」の素描を重視したいという立場をとっている。

　以上のような筆者の目論見が果たして有意義なものか，そして筆者が望んだように本書がガロア理論の素描的本質を示しながら現代数学のフレーバーをも伝えることに成功しているかどうかは読者の判断にお任せするしかないが，本書のような試みを通じて（そして他の優れた本によっても）ガロア理論のような高級な数学の理論に，より多くの人々が親しめるようになれば素晴らしいことであるし，たとえ筆者の試みが不成功に終わったとしても筆者の喜びとするところである。

2022 年 6 月　加藤文元

序章　ガロア理論とは何か？

1　解の公式

2次方程式の解の公式は，中学校で学ぶ。

---2次方程式の解の公式---

2次方程式 $x^2 + ax + b = 0$ の解は $x = \dfrac{-a \pm \sqrt{a^2 - 4b}}{2}$

もちろん，解の公式は2次方程式の場合に限らない。例えば，3次方程式の解の公式というものもある。

---3次方程式の解の公式（カルダーノの公式）---

3次方程式

$$x^3 + ax^2 + bx + c = 0$$

を考える。$x = y - \dfrac{a}{3}$ として，y についての式に変形すると，

$$y^3 + py + q = 0 \quad \left(p = b - \frac{a^2}{3}, \quad q = c - \frac{ab}{3} + \frac{2a^3}{27} \right)$$

となる（y の2次の項が消えていることに注意）。x を求めるには y を求めればよい。まず，z についての2次方程式

$$z^2 + 27qz - 27p^3 = 0$$

を解いて，その2つの解の3乗根 λ, μ を $\lambda\mu = -3p$ となるように選ぶ。このとき求める解は

$$y = \frac{\lambda + \mu}{3} \quad \text{すなわち} \quad x = \frac{\lambda + \mu - a}{3}$$

このように，3次方程式の解の公式は

$$\frac{\sqrt[3]{\alpha} + \sqrt[3]{\beta} - a}{3}$$

という形でいっぺんに書けるものだが，3乗根である $\sqrt[3]{\alpha}$ や $\sqrt[3]{\beta}$ は注意して選ばなければならないので，その部分は言葉で説明しなければならない。だから，3次方程式の解の公式は「式」でいっぺんに書こうとはしないで，式を用いた「手順」と思った方がよい。そういう「手順」まで含めて，ここでは「公式」と呼んでいる。

　3次方程式の次は4次方程式を考えるべきであるが，これについても，一応「解の公式」がある。

━━ 4次方程式の解の公式（フェラーリの公式）━━

4次方程式

$$x^4 + ax^3 + bx^2 + cx + d = 0$$

を考える。$x = y - \dfrac{a}{4}$ として，y についての式に変形すると，

$$y^4 + py^2 + qy + r = 0$$

という形になる（y の3次の項が消えていることに注意）。x を求めるには y を求めればよい。まず，z についての3次方程式

$$z^3 + 8pz^2 + 32(p^2 - 2r)z - 64q^2 = 0$$

を解いて，その3つの解の平方根 λ, μ, ν を $\lambda\mu\nu = -8q$ となるように選ぶ。こうすると，求める解は

$$y = \frac{\lambda + \mu + \nu}{4} \quad \text{すなわち} \quad x = \frac{\lambda + \mu + \nu - a}{4}$$

2　公式の意味

　2次方程式の場合と異なり，3次方程式や4次方程式の「解の公式」はひとつの式でいっぺんに表すにはちょっと無理がある。また，それらは実はあまり使い物にならない。いや，使い物にはなるが，実際に使いこなすのはかなり難しい。例えば，$x = 1, 2, -3$を解にもつ3次方程式 $x^3 - 7x + 6 = 0$ にカルダーノの公式を当てはめて，$x = 1, 2, -3$がすぐに得られるか試してみるとよくわかる。2次方程式の解の公式のように，単に数値を当てはめればすぐに答えが出るというものではない。

　しかし，それらは立派に「解の公式」と呼ばれている。その理由は，それが

　　●四則演算（たし算・ひき算・かけ算・割り算）

と，それに加えて

　　●べき根（平方根，3乗根，4乗根など）

をとるという，一般に「代数的」と呼ばれている操作だけで，解にいたる「手順」が与えられていることにある。「四則演算（＝たし算・ひき算・かけ算・割り算）」と「べき根」という，合計五つの操作を組み合わせれば解けるということであり，それ以上難しい操作は必要ないということだ。

　上のような「五つの操作」の組み合わせだけで与えられる解法を**代数的解法**と呼び，そのような解法があるとき**代数的に解ける**という。

> ─代数的解法─
>
> 　四則演算（たし算・ひき算・かけ算・割り算）とべき根をとることの
> 　有限回の組み合わせだけで与えられる解法

　2次方程式，3次方程式，4次方程式はたし算・ひき算・かけ算・割り算とべき根を上手に組み合わせて解けるので，代数的に解ける。そして，代数的な解法の手順として与えられているのが，ここで言う「解の公式」なのである。

3 解の入れ換え・置換

　4次までの方程式は歴史上，時間こそかかったが結局は見事に解かれた。だから，5次以上の方程式についても同様だろうと期待された。5次方程式の解の公式（解にいたる手順）はなかなか見つからなかったが，それは単に4次までの方程式に比べて難しいからだろうと思われていた。しかし，多くの人の挑戦にもかかわらず，それは誰も寄せつけない難問であり続けた。

　どうして5次になると，突然難しくなるのか？　そう思った人も多かったかもしれない。そういう人々の中に，ラグランジュ（Joseph-Louis Lagrange, 1736 ～ 1813）もいた。彼は方程式の「根の置換」による対称性に注目して，4次までの方程式の解法にはある一定のパターンがあることを見出した。

　例えば，2次方程式の場合を考えてみよう。2次方程式の解の公式

$$x = \frac{-a \pm \sqrt{a^2 - 4b}}{2}$$

には「±」という記号があり，これはプラス（＋）とマイナス（－）のどちらをとってもよいという意味だ。つまり，ここでプラスとマイナスのどちらをとるかについて，解には不定性がある。どちらも同等の身分であり，どちらかを特別扱いできない。ここに解の入れ換え（置換）による対称性が生じる。

　我々はよく，一方の解を α と書いて，他方を β と書いたりする。しかし，どちらを α にして，どちらを β にするかというのはどちらでもよい。つまり，α と β は入れ換えてもよい。そこには入れ換えに関する対称性があるからである。

　同じようなことは3次や4次方程式の解の場合にも言える。3次方程式の解は一般には3つあるので，その入れ換え（置換）は全部で6通りある。ラグランジュが見出したことは，この「根の置換」に注目すると，そこには顕著なパターンを見いだすことができるということであった。

　問題はそのパターンが5次以上の方程式にも適用できるかどうかである。5次方程式には，一般に5個の解があり，その置換の可能性の総数は全部で120通りである。それほど大きい数ではないと思われるかもしれないが，そのすべての構造を完璧に理解するのは，なかなか一筋縄ではいかない。

4 不可能の証明

そうこうしているうちに，それまでとはちょっと違った発想をもつ人たちが現れた。その人たちは，ラグランジュの仕事を発展的に応用すれば，5次方程式には代数的な解の公式がないことが証明できるのではないかと考えたのである。そして，驚くべきことに，これこそが問題の解答だった。つまり，一般の5次方程式には代数的解法がないということだ。たし算・ひき算・かけ算・割り算とべき根だけでは，一般的な解法の手順を与えることができない。だから，一般の5次方程式を解こうするなら，たし算・ひき算・かけ算・割り算とべき根よりも，もっと別の操作が必要となるということである。

このことの最初の証明を発表したのは，イタリア人のルフィニ（Paolo Ruffini, 1765 ～ 1822）であった。しかし，彼の「証明」はとても複雑で難しく，当時の人々にはなかなか受け入れられなかった。それでも，その証明のアイデアは重要なものだと認識されていた。ルフィニの証明は，ラグランジュによる「根の置換」のアイデアを，代数的解法の不可能性の証明に応用したという歴史上初めてのものである。

ルフィニの証明の不明確な部分を明瞭にして，この問題に決着をつけたのはアーベル（Niels Henrik Abel, 1802 ～ 1829）である。

5 ガロア理論

アーベルとルフィニの定理，つまり5次以上の一般方程式は代数的な解法をもたないという定理は不可能性を主張するものであり，否定的解答である。そして否定的解答があれば，その奥には必ず肯定的な深い理由があるはずである。

代数方程式の解法について，否定的側面の奥により広大な肯定的世界を見出したのはガロア（Évariste Galois, 1811 ～ 1832）である[※1]。

※1　ガロアは 20 歳で決闘に斃（たお）れた，数学史上の問題児である。ガロアの生涯については拙著『ガロア　天才数学者の生涯』（角川ソフィア文庫）を読まれたい。

ガロアはラグランジュによって見出された「根の置換」による方程式論のアイデア，すなわち方程式に隠された「対称性」から，解法の可能性を解析するというアイデアを抜本的に進めて対称性そのもののシステムを構造として理解するという新しい，そして極めて現代的な視点を打ち出した。つまり，「なにかについての対称性」という見方から脱却して，対称性そのものの構造の中に重要な鍵が隠されていることを見出したのである。これが現代数学における**群論**という考え方につながっている。

　対称性そのものによる抽象的なシステムを，**群**という構造として理解することで，それを方程式の解法の手順にフィードバックできる。それによって方程式の解法の可能性，例えば，かくかくしかじかの方程式は代数的には解けないといった内容のことを，系統的に理解することができる。例えば，ガロア理論を用いると，5次方程式

$$x^5 - 5x + 12 = 0$$

は代数的に解けるが，

$$x^5 - 4x + 2 = 0$$

や

$$x^5 + 20x + 16 = 0$$

は代数的には解けないことがわかる[※2]。このようなガロア理論的な考え方は方程式論にとどまらず，現代数学のいたるところに見出せる，非常に重要なものである。

※2　これらの事実はこれらの5次式の性質や，5次対称群（およびその部分群）に関する群論的考察から導かれるものであるが，本書で扱うレベルを超えているので，本書ではその証明などについては述べない。興味のある読者は

Spearman, B. K. and Williams, K. S., *On solvable quintics $x^5 + ax + b$ and $x^5 + ax^2 + b$*, Rocky mountain journal of math., **28**, No.2, (1998), 753−772.

Fieker, C and Kluners, J, *Computation of Galois groups of rational polynomials*, LMS J. Com-put. Math. **17**(1)(2014), 141−158.

などを参照されたい。

第1章 複素数と方程式

1 複素数

1.1 数の体

　最初に「体^{たい}」^{※1}という概念から始めよう。体とは，要するに四則演算，すなわち，たし算・ひき算・かけ算・（0でない数による）割り算で閉じた数の体系（数の集まり）のことである。

　普段よく使っている数の体系が「体」なのか考えてみよう。その前に，現代数学でよく使われる，数の体系を表す記号を導入しよう。

記号 1.1.1（数の集合）

- $\mathbb{N}$ ＝ 自然数全体
- $\mathbb{Z}$ ＝ 整数全体
- $\mathbb{Q}$ ＝ 有理数全体
- $\mathbb{R}$ ＝ 実数全体

　例えば，$\mathbb{N}$ は自然数（natural number）^{※2}の頭文字「N」を，黒板上で太くしたような記号である。整数全体は「Z」を太くした $\mathbb{Z}$ で書くのが一般的である。これはドイツ語で整数を表す ganze Zahl の「数」の部分の単語 Zahl の頭文字である。整数とは自然数の他に（0や）$-1, -2, -3, \cdots$ といった負の数を含めた体系である。Q を太くして $\mathbb{Q}$ と書いたら，有理数全体である。これは商を表す quotient の頭文字であろう。有理数とは整数の分数

※1　「からだ」とは読まない。フランス語では corps，ドイツ語では Körper で，どちらも「体（からだ）」を表す語だが，英語ではなぜか field と訳されている。

※2　0を自然数に含めるかどうか，というのはその場その場で取り決めておけばいい程度の問題である。

$$\frac{a}{b} \quad (a,\ b \in \mathbb{Z},\ b \neq 0)^{※3}$$

で表される数のことだ。最後に、Rを太くした$\mathbb{R}$は実数（real number）の全体を表している。実数というのは、直観的には数直線上の点と対応した数である。これらは有理数と無理数からなっている。例えば、$\sqrt{2}$ が無理数であることは高校数学でも学ぶ。

　数学では、このようにある範囲の数の全体がなす集合というものを考える。これらの間には、次の包含関係がある${}^{※4}$。

$$\mathbb{N} \subset \mathbb{Z} \subset \mathbb{Q} \subset \mathbb{R}$$

すなわち、どんな自然数も整数であり、どんな整数も有理数であり、どんな有理数も実数である。しかし、どんな整数も自然数であるというわけではないから、例えば $\mathbb{Z} \subset \mathbb{N}$ という包含関係は成り立たない。つまり、$\mathbb{Z}$ は $\mathbb{N}$ を含んでいて、真に $\mathbb{N}$ より大きい。これを強調して「$\mathbb{N} \subsetneq \mathbb{Z}$」と書くこともある。同様に $\mathbb{Z} \subsetneq \mathbb{Q}$ であり、$\mathbb{Q} \subsetneq \mathbb{R}$ である。

　数がなす体系を考えると、それがたし算やかけ算などの**二項演算**でどのように振舞うかがよくわかる。例えば、どんな2つの自然数をたしても、また自然数になる。これを数学では「自然数全体$\mathbb{N}$は加法で閉じている」という言い方をする。しかし、例えば2も3も自然数であるが、$2-3$ は自然数ではないから、$\mathbb{N}$ はひき算では閉じていない。

　$\mathbb{Z}$ はたし算・ひき算・かけ算で閉じている。つまり、2つの整数をたしたりひき算したりかけ算したりしても、その結果はまた整数である。

　$\mathbb{Q}$ はたし算・ひき算・かけ算と、0でない要素による割り算で閉じている。つまり、有理数（整数を整数で割った形の数）2つをたし算したりひき算したりかけ算したり、あるいは有理数を0でない有理数で割り算しても、その結果はまた有理数になる。このような数の体系を**体**という。すなわち、$\mathbb{Q}$ は体であ

る。同様に $\mathbb{R}$ も体である[※5]。すなわち，2 つの実数をたし算したりひき算した
りかけ算したり，あるいは実数を 0 でない実数で割り算しても，その結果はま
た実数になる。

演習問題 1-1　$\mathbb{Z}$ は体ではない。その理由を述べよ。

1.2 部分体

　例えば，有理数全体 $\mathbb{Q}$ は実数全体 $\mathbb{R}$ の中で（同じ演算によって）部分的に
体になっている。このようなとき，$\mathbb{Q}$ は $\mathbb{R}$ の**部分体**である，あるいは $\mathbb{R}$ は $\mathbb{Q}$
の**拡大体**であるという。

┌─ **定義 1.2.1（部分体・拡大体・中間体）** ──────────────

　（1）体 K が体 L に含まれていて，K のたし算とかけ算は L のたし
算とかけ算に一致しているとき，K は L の**部分体**であるといい，L
は K の**拡大体**であるという。L が K の拡大体であることを

$$（体の）\,拡大\,\, L/K$$

という言い方（書き方）もする。
　（2）体 K が体 M の部分体であり，体 M が体 L の部分体ならば，K
は L の部分体である。このとき，M は拡大 L/K の**中間体**であると
いう。

└────────────────────────────────────

　$\mathbb{R}/\mathbb{Q}$ の中間体はたくさんある。例えば，

$$\mathbb{Q}(\sqrt{2}) = \{a + b\sqrt{2} \mid a, b \in \mathbb{Q}\}$$

（左辺は，本来ならば $\mathbb{Q}[\sqrt{2}]$ と書くべきである（カッコの形の違いが，ここで

※5　本当は実数というものをちゃんと定義しなければ，それが体になるか否かを正確に述べることはできない。
　　　しかし，実数というものを定義することは非常に難しい。ここでは直観的に数直線上の数として実数を認
　　　識している。

は重要である)。第2章注意2.2.1を参照。しかし、次の演習問題が示すように、実はこれは $\mathbb{Q}(\sqrt{2})$ と書くべきものと一致する。なお、第2章定理2.2.4を参照のこと。)

演習問題 1-2 $a + b\sqrt{2}$ $(a, b \in \mathbb{Q})$ が0でない（つまり、$(a, b) \neq (0, 0)$）ならば、$a - b\sqrt{2}$ も0ではないので、それらの積

$$(a + b\sqrt{2})(a - b\sqrt{2}) = a^2 - 2b^2$$

も0ではない。また、このとき、

$$(a + b\sqrt{2}) \cdot \frac{a - b\sqrt{2}}{a^2 - 2b^2} = 1$$

である。これを用いて、$\mathbb{Q}(\sqrt{2})$ が $\mathbb{R}$ の部分体であることを確かめよ。

　ところで、四則演算（たし算・ひき算・かけ算・割り算）に注目する理由はなんだろうか？　やはり、四則演算こそが数の計算の基本だからだろう。もちろん、他にも二項演算はいろいろある。例えば、a, b に対して $\max\{a, b\}$（a と b の大きい方をとる）という演算もあって、このような演算を大事にしている数学の分野もある。しかし、基本はやはり四則演算だ。
　四則演算が計算の基本だというのは、有理数が人々にとってもっとも基本的な数だということに根差している。有理数は誰でも知っているし、誰でもよく知っている数だと仮定しても、あまり不都合はないだろう。だからガロア理論のような難しい学問を展開する上でも、有理数を出発点にすることは理にかなっている。そこである人が、さらに進んで $\sqrt{2}$ という無理数を知ったとする。すると、その人は有理数と $\sqrt{2}$ を使って四則演算を使って作り出すことのできるすべての数は、事実上「知っている」とみなすことができるだろう。そして、それこそ実は上で考えた $\mathbb{Q}(\sqrt{2})$ である。
　ここで「知っている」という言葉のニュアンスを専門的な意味で理解することが重要だ。「知っている」数同士をたし算・ひき算・かけ算・割り算してできる数も、やはり「知っている」数だとみなしていいだろう。だから、体とは「知っている」数の範囲を規定するのに便利な概念なのだ。$\mathbb{Q}$ から $\mathbb{Q}(\sqrt{2})$ に

体を「拡大」するとは，それまで有理数しか知らなかった人が $\sqrt{2}$ という数を知ることで「知っている」数の範囲が広がった（拡大した）様子を表している。$\mathbb{Q}(\sqrt{2})$ を知ることで，それらによって四則演算で得られるすべての数が「知っている」数の範囲に入るからである[※6]。

$\mathbb{Q}(\sqrt{2})$ は $\mathbb{Q}$ と $\sqrt{2}$ で**生成された体**とも呼ばれるが，この「生成」の意味は「四則演算で作られる」という意味である。

1.3 複素数

複素数をよく知っている読者には退屈なことかもしれないが，複素数は非常に重要な体系なので，ここではその構成を最初から行うことにしよう。

実数とは「数直線上の点として表される数」である。それとの類似で言えば，複素数とは「平面上の点で表される数」である。実際，2つの実数の組 (a, b) 全体，つまり，平面上の点全体に，以下のように和 + と積・を定義すると，体にすることができる。

- 点 (a, b) と点 (c, d) のたし算とかけ算を，次で定義する。

$$(a, b) + (c, d) = (a + c, b + d)$$
$$(a, b) \cdot (c, d) = (ac - bd, ad + bc)$$

- $(a, 0) + (c, 0) = (a + c, 0)$ であり，$(a, 0) \cdot (c, 0) = (ac, 0)$ なので，第 2 成分が 0 という状況では，普通の実数の和と積と変わらない。つまり，実数と変わらない。これは直観とも一致する。実際，第 2 成分が 0 ということは x 軸なので，数直線とみなすことができる。だから，$(a, 0)$ は実数 a と同一視してしまっても実質的に問題はない。よって，以下では $a = (a, 0)$ と書いてしまう。

- $i = (0, 1)$ とする。このとき，$i^2 = (0, 1) \cdot (0, 1) = (-1, 0) = -1$ である。

- 実数 a について，$a \cdot i = (a, 0) \cdot (0, 1) = (0, a)$ である。よって，$(0, a)$ の形の要素はすべて ai という形に書ける。

- 以上より，任意の (a, b) は $(a, b) = (a, 0) + (0, b) = a + bi$ $(a,\ b \in \mathbb{R})$ と

※6 実際，ガロアの頃の数学では「体」の概念はなかったが，代わりに**有理的に既知**という概念を使っていた。

いう形になった。

つまり，この数体系は

$$a + bi \quad (a, b \in \mathbb{R}, \ i^2 = -1)$$

というものの全体である。これを

$$\mathbb{C}$$

で表し**複素数体**と呼び，その各要素を**複素数**という。この記号は複素数 (complex number) の頭文字を，$\mathbb{Z}$ や $\mathbb{Q}$ と同様に太く書いたものである。複素数 $\alpha = a + bi \ (a, b \in \mathbb{R})$ について，a をその**実部**，b を**虚部**という。

複素数 $\alpha = a + bi \ (a, b \in \mathbb{R})$ に対して，

$$\overline{\alpha} = a - bi$$

を α の**複素共役**という。

―**注意 1.3.1**―――――――――――――――――――――――

a が実数である（すなわち，虚部が 0 である）ための必要十分条件は，$\alpha = \overline{\alpha}$ であること，すなわち α の複素共役が α に一致することである。

$\alpha = a + bi \ (a, b \in \mathbb{R})$ について，$\alpha \overline{\alpha} = (a + bi)(a - bi) = a^2 + b^2$ は 0 以上の実数である。そこで

$$|\alpha| = \sqrt{a^2 + b^2}$$

とし，これを $\alpha = a + bi \in \mathbb{C}$ の**絶対値**という。これは $a + bi = (a, b)$ の平面 $\mathbb{R}^2$ 上における原点からの距離である。絶対値は次を満たす。

(A1)　任意の $\alpha \in \mathbb{C}$ について $|\alpha| \geqq 0$ であり，$|\alpha| = 0$ となるのは $\alpha = 0$ のときに限る

(A2)　$\alpha = a$ が実数のとき，$|\alpha| = |a|$ は実数の通常の絶対値に一致する

(A3)　$\alpha, \ \beta \in \mathbb{C}$ について $|\alpha\beta| = |\alpha||\beta|$

(A4)　$\alpha,\ \beta\in\mathbb{C}$ について $|\alpha+\beta|\leqq|\alpha|+|\beta|$（三角不等式）

　また，定義より $\alpha=a+bi\neq0$ に対して，その逆数 α^{-1} が

$$\alpha^{-1}-\overline{\alpha}/|\alpha|^2=\frac{a-bi}{a^2+b^2}$$

と表示できることもわかる。

演習問題 1-3　以上のことから，$\mathbb{C}$ が体であることを確かめよ。

　$\mathbb{C}$ は $\mathbb{R}$ の拡大体である。実際，虚部が 0 である複素数は実数とみなすことができ，そのたし算・かけ算は実数のたし算・かけ算と一致している。実は

$$\mathbb{C}=\mathbb{R}(i)$$

である。すなわち，$\mathbb{C}$ とは実数と i で生成される体である。先に述べた言い方を繰り返せば，複素数とは，それまで実数しか知らなかった人が，i という数を知ることで既知となった数の全体である。実際，上で見たように，実数と i から四則演算を繰り返して作ることができる数は，どれも

$$a+bi,\quad a,b\in\mathbb{R}$$

という形に書ける。だから，その全体が「実数と i で生成される体」なのである。

演習問題 1-4　$\mathbb{Q}(i)=\{a+bi\,|\,a,\ b\in\mathbb{Q}\}$[7] が体であることを確かめよ。

　$\mathbb{Q}(i)$ は $\mathbb{Q}$ と i で生成された体である。これは $\mathbb{Q}$ の拡大体であり，$\mathbb{C}/\mathbb{Q}$ の中間体である。

　$\alpha\in\mathbb{C}$ が 0 でないとき，$a+bi=\alpha/|\alpha|$ とすると，$a+bi$ は絶対値 1 の複素数である。すなわち，$a^2+b^2=1$ であるから $(a,b)=(\cos\theta,\sin\theta)$ となる θ が

※7　ここでも実は，左辺は本来 $\mathbb{Q}[i]$ と書かれるべきもの（第2章注意 2.2.1 参照）であり，この演習問題はそれが $\mathbb{Q}(i)$ に等しいことを示しているものである。なお，第2章定理 2.2.4 を参照のこと。

2π の周期を除いて一意的に定まる。よって,

$$\alpha = r(\cos\theta + i\sin\theta) = re^{i\theta}, \quad r = |\alpha|$$

と表示できる。これを**極座標表示**と呼び,θ を α の**偏角**という。

1.4　複素数平面

複素数体 $\mathbb{C}$ は,平面 $\mathbb{R}^2$ 上に適切な積(かけ算)を導入することによって定義されるので,複素数とはユークリッド平面 $\mathbb{R}^2$ 上の一点一点と

$$\alpha = a + bi \quad \longleftrightarrow \quad (a,\, b)$$

によって対応している。このように複素数全体を平面として可視化したものを**複素数平面**,あるいは**複素平面**と呼ぶ。複素数平面において,実数全体 $\{(a,\, 0)\,|\,a \in \mathbb{R}\}$ は**実軸**と呼ばれ,これは数直線と同一視される。また,**純虚数**によって張られる軸 $\{(0,\, b)\,|\,b \in \mathbb{R}\}$ は**虚軸**と呼ばれる(図 1.1)。

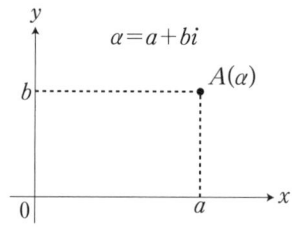

図 1.1　複素数平面

複素数 α を複素数平面上の点 $A(\alpha)$ と同一視した場合,その極座標表示 $\alpha = re^{\theta}$ における $r = |\alpha|$ は,もちろん $A(\alpha)$ と原点 0 との間の距離であるが,偏角 θ は,実軸と,原点から $A(\alpha)$ に至るベクトルとのなす角(正の向きの回転角)である。

また,re^{θ} を任意の複素数にかけるという作用は,複素数平面上では θ 回転と r 倍拡大との合成である。すなわち,複素数 $z_1 = r_1 e^{\theta_1}$ と複素数 $z_2 = r_2 e^{\theta_2}$ の積 $z_1 z_2 = r_3 e^{\theta_3}$ に対応する点 $P(z_1 z_2)$ は図 1.2 のように,

$$\theta_3 = \theta_1 + \theta_2, \quad r_3 = r_1 r_2$$

となる点である。

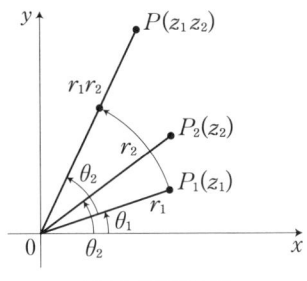

図1.2 複素数の積

2　代数方程式

この本で学修する内容は**代数方程式のガロア理論**である。よって，代数方程式はもっとも重要な概念のひとつである。

2.1　多項式

代数方程式の概念を導入するためには（高校でも学んだ）多項式の概念が必要なので，これを復習することからはじめよう。ただし，我々はもう「体」の概念を学んだので，少し「大人の」多項式概念を扱いたい。具体的には，多項式に現れる「係数」にも気を配りながら多項式を議論しよう。すなわち，体 K を（例えば，$K = \mathbb{Q}, \mathbb{R}, \mathbb{C}$ や $\mathbb{Q}(\sqrt{2})$，$\mathbb{Q}(i)$ など）ひとつ決めて，多項式の係数はそこからとることにする。

定義 2.1.1（K 上の多項式）

体 K の要素 $a_0, a_1, \cdots, a_n$ を用いて表される次の形の式を **K 上の多項式**と呼ぶ。

$$f(x) = a_0 + a_1 x + a_2 x^2 + \cdots + a_n x^n$$

$a_n \neq 0$ のとき，この多項式の**次数**は n であるといい，

$$n = \deg f(x)$$

と書く。また，K 上の（x を変数とする）多項式の全体がなす集合を

$$K[x]$$

と書く。

　つまり，多項式を考えるときは，基本的にはいつもそれがどこ上の多項式か・・・・
ということに気を配るのが，より現代的な考え方である。単なる「多項式」という概念があるわけではなくて，「どこどこ上の多項式」という概念こそが正しい概念ということだ。

───**注意 2.1.2**───────────────

　K が体 L の部分体であるとき，K 上の多項式は L 上の多項式でもある。実際，K の要素は L の要素でもあるので，K 上の多項式の係数は L の要素にもなっている。例えば，$\mathbb{Q}$ 上の多項式は $\mathbb{R}$ 上の多項式でもあり，また $\mathbb{Q}(\sqrt{2})$ 上の多項式でもある。

　次のような見方は重要である。K 上の多項式とは，K の要素と変数 x によるたし算・ひき算・かけ算だけで作ることのできる式のことである。だから，例えば，

$$\frac{2}{3} x^{100}, \quad 0, \quad 1 + x + x^2 + x^3 + \cdots + x^{1000}$$

はすべて $\mathbb{Q}$ 上の多項式であるが，

$$\sqrt{x}, \quad \frac{1}{x}$$

などは多項式ではない。

─ 注意 2.1.3（多項式＝0 の意味）────────────

K 上の多項式 $f(x)$ が**多項式として零**（$f(x)=0$）であるということ
の意味は，それが一般形 $f(x)=a_0+a_1x+a_2x^2+\cdots+a_nx^n$ で書かれ
たときに，そのすべての係数 $a_0, a_1, \cdots, a_n$ が零ということである。
それは概念としては「0 という値をとる」という意味でも「恒等的に
0」ということでもない。単に式としてゼロということに他ならない。

　実際問題として，K が（実数体 $\mathbb{R}$ や複素数体 $\mathbb{C}$ のように）無限個の元を含
む体ならば，K 上の多項式が 0 であることと，恒等的に 0 である（K のどん
な要素を代入[※8]しても値が 0 になる）ことは同値である。しかし，これは一
般の K に対して成り立つわけではない。その意味でも，$f(x)$ が多項式として
0 であることと，恒等的に 0 であることは概念的には区別しなければならない。
　また，多項式で表される方程式（定義 2.3.1 を参照）を記述するときも
「$f(x)=0$」と書くが，これはもちろん $f(x)$ が多項式として 0 という意味で
はなく x に関する条件式という意味である。同じ書き方をしていても，文脈に
よってその意味は異なるので注意が必要である。

─ 注意 2.1.4（有理式・有理関数）────────────

K の要素と変数 x によるたし算・ひき算・かけ算だけで作ることの
できる式が多項式であるが，割り算まで込めて，K の要素と変数 x
によるたし算・ひき算・かけ算および 0 でない式による割り算で作ら
れる式は K 上の**有理式**あるいは**有理関数**と呼ばれ，その全体は

$$K(x)$$

と書かれる。$K(x)$ の要素は K 上の多項式 $f(x), g(x)$（$g(x) \neq 0$）
によって

─────────────────────────────

※8 「代入」の意味については 2.2 節を参照。

$$\frac{f(x)}{g(x)}$$

と書かれる。例えば $1/x$ は有理式であるが $\sqrt{x}$ は有理式ではない。$K(x)$ は体になるので、**K 上の有理関数体**と呼ばれる。

注意 2.1.5

ここでは体上の多項式に話を限定したが、$\mathbb{Z}$ などのようなたし算・ひき算・かけ算で閉じている体系（環と呼ばれる）上の多項式を考えてもよい。例えば、**$\mathbb{Z}$ 上の多項式**とは、係数がすべて整数であるような多項式のことである。

最高次の係数が 1 である多項式はよく登場するので、特別の名前がつけられている。

定義 2.1.6（モニック）

最高次の係数が 1 である多項式

$$x^n + a_{n-1}x^{n-1} + \cdots + a_2 x^2 + a_1 x + a_0$$

を**モニック**（monic）という。

例えば、0 次のモニックとは、定数 1 のことである。

2.2 代入

$f(x)$ が体 K 上の多項式であるとする。

$$f(x) = a_0 + a_1 x + a_2 x^2 + \cdots + a_n x^n \quad (a_0, a_1, \cdots, a_n \in K)$$

このとき、体 K の任意の要素 $\alpha \in K$ を $f(x)$ に**代入**することができる。

$$f(\alpha) = a_0 + a_1 \alpha + a_2 \alpha^2 + \cdots + a_n \alpha^n$$

代入の結果 $f(\alpha)$ はまた K の要素である。

K が体 L の部分体であるとき，K 上の多項式は L 上の多項式でもあった。よって，このとき K 上の多項式には L の要素を代入することもできる。その場合，代入の結果は一般には L の要素である（K の要素とは限らない）。

次の命題は K 上の多項式が「K の定数と x から出発して，たし算・ひき算・かけ算を有限回繰り返して得られるものである」ことから明らかなことであるが，代入という操作の性質として重要なものである。

命題 2.2.1

体 K 上の多項式 $f(x)$，$g(x)$ および $\alpha \in K$ について，次が成り立つ。

(a) $(f+g)(\alpha) = f(\alpha) + g(\alpha)$（すなわち，$f(x) + g(x)$ という多項式を $h(x)$ で表すとき，$h(\alpha) = f(\alpha) + g(\alpha)$ が成り立つ。）

(b) $(fg)(\alpha) = f(\alpha)g(\alpha)$（すなわち，$f(x)g(x)$ という多項式を $h(x)$ で表すとき，$h(\alpha) = f(\alpha)g(\alpha)$ が成り立つ。）

2.3　代数方程式

多項式を用いて立てられる方程式を**代数方程式**という。

定義 2.3.1（代数方程式と解）

(1) 体 K 上の定数でない多項式 $f(x)$ によって

$$f(x) = 0$$

という形に立てられた方程式を **K 上の代数方程式**という。

(2) K が体 L の部分体で，L の要素 $\alpha \in L$ について

$$f(\alpha) = 0$$

となるとき，α は $f(x) = 0$ の（体 L における）**解**または**根**という。

すなわち，代数方程式が **K 上**であるとは，その係数がすべて K からとれる

こと，すなわち，その代数方程式自体が K 上で定義されていることである。

　一般に，体 K 上の代数方程式が解をもつとしても，それが K の中に解をもつとは限らない。例えば，代数方程式

$$x^2 - 2 = 0$$

は有理数体 $\mathbb{Q}$ 上の代数方程式とみなせるが，その解 $\pm\sqrt{2}$ は有理数ではない（$\mathbb{Q}$ の要素ではない）。よって，K 上の代数方程式の解を考えるときは，一般に K の拡大体の中で考えるべきである。

　このように，今後は代数方程式が

(1) どの体の上で定義されていて（つまりどの体上の方程式であって），
(2) どこまで体を拡大すれば根をもつのか

ということには敏感になって議論していくことになる[※9]。

例 2.3.2

(1) $\mathbb{Q}$ 上の代数方程式 $x^2 - 4 = 0$ を考える。これは $\mathbb{Q}$ における解 ± 2 をもつ。

(2) $\mathbb{Q}$ 上の代数方程式 $x^2 - 2 = 0$ を考える。これは $\mathbb{Q}$ における解をもたないが，$\mathbb{R}$ における解 $\pm\sqrt{2}$ をもつ。

(3) $\mathbb{Q}$ 上の代数方程式 $x^2 + 1 = 0$ を考える。これは $\mathbb{Q}$ や $\mathbb{R}$ における解をもたないが，$\mathbb{C}$ における解 $\pm i$ をもつ。

　例 2.3.2 の (1) では，$\mathbb{Q}$ 上の代数方程式で $\mathbb{Q}$ に解をもつ例が示されているが，これをちょっと係数を変えて (2) の代数方程式を考えると，同じく $\mathbb{Q}$ 上の代数方程式でありながら $\mathbb{Q}$ には解をもたない。$\mathbb{C}$ まで行けば解をもつし，$\mathbb{R}$ まででも十分である。しかし，（多少トートロジー感があるが）$\mathbb{Q}(\sqrt{2})$ までで解をもつには十分である。実はこの体 $\mathbb{Q}(\sqrt{2})$ は $x^2 - 2 = 0$ がすべての解をもつ最小の体である。これを $x^2 - 2 = 0$ の**最小分解体**というが，これについては第 3

[※9]　このように，いろいろな体の拡大に気を配りながらデリケートな議論をしていくことが，高校までとちょっと違った「大人の方程式論」である。

章で取り上げる（第3章定義 2.1.1）。同様に，(3) の代数方程式も，それ自体は $\mathbb{Q}$ 上定義されているが，解は $\mathbb{Q}$ ではとらないし $\mathbb{R}$ にも解はない。$\mathbb{C}$ まで行くか，あるいはその最小分解体である $\mathbb{Q}(i)$ という拡大まで体を広げなければならない。

注意 2.3.3

(1) 代数方程式 $f(x) = 0$ においては，$f(x)$ はいつでもモニックであると仮定してよい。

(2) 代数方程式 $f(x) = 0$ の解を「多項式 $f(x)$ の解（または根）」ということもある。

2.4　代数学の基本定理

複素数全体は体として四則演算で閉じているが，実はすべての「代数方程式の根」で閉じている。すなわち，次の定理が成り立つ。

定理 2.4.1（代数学の基本定理）

複素数体 $\mathbb{C}$ 上の代数方程式

$$f(x) = x^n + a_1 x^{n-1} + \cdots + a_{n-1}x + a_n = 0$$

は，$\mathbb{C}$ の中に少なくともひとつの解をもつ。すなわち，$f(\alpha) = 0$ を満たす $\alpha \in \mathbb{C}$ が存在する。

一般に，体 K 上のいかなる代数方程式も K のなかに解をもつとき，K を**代数閉体**という。代数学の基本定理は，複素数体 $\mathbb{C}$ が代数閉体であることを主張した定理である。

代数学の基本定理は，ガウスの博士論文で初めて証明された（とされている）。

2.5　付録・代数学の基本定理の証明

定理 2.4.1 の証明には多くの方法がある。しかし，どの証明も高校の数学の

範囲を（少々）逸脱する。以下の証明は比較的に初等的な証明であるが，微分積分学に出てくる「最大値・最小値原理」を使わなければならない。

定理 2.5.1（最大値・最小値原理）

n 次元ユークリッド空間 $\mathbb{R}^n = \{(x_1, x_2, \cdots, x_n) \,|\, x_1, x_2, \cdots, x_n \in \mathbb{R}\}$ の有界閉集合 D 上の連続関数は，D の上で最大値と最小値をとる。

これを用いて，代数学の基本定理の証明をしてみよう。まず，次を証明しよう。

主張 1. $f(x)$ の係数 $a_1, a_2, \cdots, a_n$ は実数としてよい。

実際，$f(x)$ の係数をすべて共役に取り換えたものを $\overline{f}(x)$ とする。$g(x) = f(x)\overline{f}(x)$ とすると，$g(x) = \overline{g}(x)$ なので，g は実数係数の多項式である。α が $g(x) = 0$ の解であるとき，α は $f(x) = 0$ の解であるか，あるいは $\overline{f}(x) = 0$ の解である。後者の場合は，$\overline{\alpha}$ が $f(x) = 0$ の解である。よって，$f(x)$ を $g(x)$ に取り換えて証明すれば十分である。

主張 2. z がすべての複素数を動くとき，$F(z)$ の絶対値 $|F(z)|$ は最小値をとる。

実際，$n \geq 1$ なので，z の絶対値が大きくなれば，$|F(z)|$ も大きくなる。よって，十分大きな $R > 0$ をとれば，

$$|z| > R \implies |F(z)| > |F(0)|$$

とできる。よって，原点を中心とする半径 $R > 0$ の閉円板 D 上で $|F(z)|$ が最小値をとることを示せばよい。D は有界閉集合なので，最大値・最小値原理より，$|F(z)|$ は最小値をとる。

以上を踏まえて，定理を証明しよう。$F(x)$ は実数係数の n 次多項式とする。必要ならば適当に平行移動して，$|F(z)|$ は $z = 0$ で最小値をとるとしてよい。このとき，この最小値が 0 であることを示せば，$F(0) = a_n = 0$ となり，定理が証明される。

これを背理法で示すために，$a = a_n \neq 0$ としよう。$F(x)$ を定数項 $a = a_n$ か

ら昇べきの順に書いて，次に現れる 0 でない項を bx^k とする。すなわち，

$$F(x) = a + bx^k + x^{k+1}G(x)$$

という形である。このとき，再び最大値・最小値原理から，$|z| \leq 1$ ならば $|G(z)| \leq M$ であるような，十分大きな $M > 0$ が存在する。実数 ε $(0 < \varepsilon < 1)$ を十分小さくとって，$z = \varepsilon\zeta$ とする。ただし，ζ は a と b が同符号のときは -1 の k 乗根とし，a と b が異符号のときは 1 とする。このとき，

$$|F(z)| \leq |a + bz^k| + |z^{k+1}G(z)| \leq |a| - |b|\varepsilon^k + \varepsilon^{k+1}M$$

となるが，$\varepsilon < |b|/M$ となるように ε をとれば，これは $|a| = |F(0)|$ よりも小となり，その最小性に矛盾する。以上で，定理の証明が終わった。　　　□

第2章　体の代数拡大

いよいよガロア理論本体へ向けた基礎固めに入る。とはいえ，最初はそれほど難しくないところから始めよう。

1　既約多項式

1.1　多項式の割り算

最初に，高校数学でも学ぶ**多項式の割り算**を思い出しておこう。

> ─**例題 1.1.1**────────────
>
> $f(x) = 2x^4 - 3x^3 + x + 1$ を $g(x) = x^2 + x + 2$ で割った商と余りを求めよ。

解 筆算では次のように計算する。

$$
\begin{array}{r}
2x^2 - 5x \quad\ 1 \\
x^2 + x + 2 \,\overline{)\, 2x^4 - 3x^3 \qquad + \quad x + 1} \\
\underline{2x^4 + 2x^3 + 4x^2 \qquad\qquad} \\
-5x^3 - 4x^2 + \quad x + 1 \\
\underline{-5x^3 - 5x^2 - 10x \qquad} \\
x^2 + 11x + 1 \\
\underline{x^2 + \quad x + 2} \\
10x - 1
\end{array}
$$

その過程を復習しよう。まず，$f(x)$ の最高次の項 $2x^4$ を消すために，$f(x)$ か

ら $2x^2 g(x)$ を引く。

$$f(x) - 2x^2 g(x) = 2x^4 - 3x^3 + x + 1 - 2x^2(x^2 + x + 2)$$
$$= -5x^3 - 4x^2 + x + 1$$

次に，この最高次の項 $-5x^3$ を消すために $5xg(x)$ をたす。

$$f(x) - 2x^2 g(x) + 5xg(x) = -5x^3 - 4x^2 + x + 1 + 5x(x^2 + x + 2)$$
$$= x^2 + 11x + 1$$

さらに，この最高次の項 x^2 を消すために $g(x)$ を引く。

$$f(x) - 2x^2 g(x) + 5xg(x) - g(x) = x^2 + 11x + 1 - (x^2 + x + 2)$$
$$= 10x - 1$$

最後の結果は 1 次式で，$g(x)$ は 2 次式だから，もうこれ以上 $g(x)$ の倍数を使って項を消すことはできない。以上で，

$$f(x) = (2x^2 - 5x + 1)g(x) + 10x - 1$$

となった。これは $f(x) = 2x^4 - 3x^3 + x + 1$ を $g(x) = x^2 + x + 2$ で割った商が $2x^2 - 5x + 1$，余りが $10x - 1$ であることを示している。　　　　□

　例題 1.1.1 のように，一般に多項式 $f(x)$ と 0 でない多項式 $g(x)$ が与えられたとき，$f(x)$ を $g(x)$ で割った商と余りというものを求めることができる。それができる根拠は，上の計算のような手順をいつでも実行できるというところにある。すなわち，$f(x)$ の項を次数の高いものから，$g(x)$ の倍数を使って消していって，もうこれ以上はできないというところまで続けることができるということだ。もうこれ以上は消せないというところで残ったのが余りである。だから，余りは 0 であるか，あるいは 0 でなくても，その次数は $g(x)$ の次数よりも小さい。

　この手順は初等的であるが，多項式というものの代数的な構造をあぶり出す上で，おそらくもっとも重要な事実のひとつである。それは初等整数論において，数の割り算が極めて重要であったことと同様である。この手順では，係数

についての四則演算（たし算・ひき算・かけ算および0でない数での割り算）しか使っていない。よって、体K（例えば、$K = \mathbb{Q}, \mathbb{R}, \mathbb{C}$ など）をひとつ固定して、その中だけで行うことができる。すなわち、K 上の多項式を K 上の多項式で割ることで、その商と余りが K 上の多項式として定まる。

定理 1.1.2（多項式の割り算）

K 上の多項式 $f(x)$, $g(x)$（ただし、$g(x) \neq 0$）について、

$$f(x) = g(x)p(x) + r(x) \quad (r(x) = 0 \text{ または } \deg r(x) < \deg g(x))$$

を満たす K 上の多項式 $p(x)$, $r(x)$ の組 $(p(x), r(x))$ が唯一定まる。（$p(x)$ は $f(x)$ を $g(x)$ で割った**商**、$r(x)$ は $f(x)$ を $g(x)$ で割った**余り**と呼ばれる。）

証明 例題 1.1.1 で示した方法で、商 $p(x)$ と $r(x)$ を求めることができる。$(p(x), r(x))$ が唯一であることを示すために、他に $f(x) = g(x)p_1(x) + r_1(x)$ として、$r_1(x) = 0$ または $\deg r_1(x) < \deg g(x)$ とする。このとき、$g(x)p(x) + r(x) = g(x)p_1(x) + r_1(x)$ を変形して、

$$g(x)\{p(x) - p_1(x)\} = r_1(x) - r(x)$$

この式の右辺は0でないなら、その次数は $\deg g(x)$ より真に小さい。しかし、このとき左辺の次数は $\deg g(x)$ 以上であるから、これは矛盾である。したがって、右辺は0、すなわち $r(x) = r_1(x)$ であり、$g(x) \neq 0$ なので $p(x) = p_1(x)$ である。よって、商と余り $(p(x), r(x))$ は一意的であることがわかった。　　□

演習問題 2-1 次の $f(x)$ を $g(x)$ で割った商と余りを求めよ。

(1) $f(x) = 3x^5 - x^4 + 2x^3 - 4x + 2$, $g(x) = x^3 + 3x^2 + 2$

(2) $f(x) = 3x^4 + 2x^3 - 4x + 5$, $g(x) = 2x^2 - x + 2$

演習問題 2-2 体 K 上の定数でない多項式 $f(x)$，K の拡大体 L，および $\alpha \in L$ について，次は同値であることを示せ（因数定理）。

(a) $f(\alpha) = 0$，すなわち α は K 上の代数方程式の（L における）解である。

(b) $f(x)$ は L 上で次のように分解する：$f(x) = (x - \alpha)p(x)$ $(p(x) \in L[x])$

1.2 既約多項式

高校数学でも教わるように，ある種の多項式は因数分解できる。例えば，

$$x^2 - 1 = (x - 1)(x + 1)$$

しかし，$x^2 + 1$ は実数の範囲では因数分解できない。ここで「実数の範囲では」という但し書きは重要である。実際，これは複素数まで係数の範囲を広げると，

$$x^2 + 1 = (x - i)(x + i)$$

と因数分解できる。

つまり，多項式の因数分解ができるかどうかは，どの体の上で行うかを決めて，初めて意味をもつ。$x^2 + 1$ は $\mathbb{R}$ 上では因数分解できないが，$\mathbb{C}$ 上ではできる。

定義 1.2.1（既約・可約）

(1) 体 K 上の定数でない多項式 $f(x)$ は，$f(x) = g(x)h(x)$ となる **K 上の定数でない多項式** $g(x)$，$h(x)$ が存在するとき，**K 上可約**と呼ばれる。

(2) 体 K 上の定数でない多項式で，K 上可約でないものは **K 上既約**と呼ばれる。

例えば，$f(x) = x^2 + 1$ は $\mathbb{R}$ 上では既約であるが，$\mathbb{C}$ 上では可約である。前章で，多項式について議論するときには，その係数が属している体 K をひとつ決めて「K 上」という言葉を常に頭につけて論じるのが大人の数学だと述べた。早速，その効果がここで現れている。すなわち，多項式が因数分解できるかできないか，すなわち可約か既約かという問題は，あくまでもどの体の上

かという制約をつけて初めて意味があるということだ。

例 1.2.2

多項式 x^2-2 は，これを実数体 $\mathbb{R}$ 上の多項式と見た場合には $x^2-2=(x-\sqrt{2})(x+\sqrt{2})$ なので可約であるが，有理数体 $\mathbb{Q}$ 上では既約である。

また，定義 1.2.1 で「定数でない」という言葉がついていることにも注意しよう。どんな多項式も，0 でない定数では割り切ることができる。だから，与えられた多項式が因数分解できるかという問題を考えるとき，定数で因数分解することは，あまり意味のあることではない。

次に，与えられた多項式が有理数体 $\mathbb{Q}$ 上既約であるか否かを判定する方法を考えよう。その際，次の定理はとても便利である（証明は後の 2.4 節で与える）。

定理 1.2.3（ガウスの補題）

定数でない整数係数の多項式（すなわち，$\mathbb{Z}$ 上の多項式）$f(x)$ が $\mathbb{Q}$ 上で可約であるとする。このとき，定数でない整数係数の多項式 $g(x)$, $h(x)$ によって $f(x)=g(x)h(x)$ と分解される。さらに，もし $f(x)$ がモニックなら，$g(x)$, $h(x)$ もモニックにとれる。

定理を言い換えれば，整数係数の（定数でない）多項式が整数係数で因数分解できないなら，実は有理数体 $\mathbb{Q}$ 上でも因数分解できないということである。ガウスの補題は，$\mathbb{Z}$ 上の多項式が $\mathbb{Q}$ 上既約であることを証明するときに，非常に便利である。

例題 1.2.4

x^5-x-1 は $\mathbb{Q}$ 上既約であることを示せ。

解 背理法で証明する。$f(x)=x^5-x-1$ が $\mathbb{Q}$ 上可約であるとすると，（1

次）（4次）の形か，（2次）（3次）の形に分解されるはずである。また，x^5-x-1 はモニックなので，定理 1.2.3 より，いずれの場合も $\mathbb{Z}$ 上のモニックで分解されるはずである。

【ステップ1】 （1次）（4次）の形に分解されるとき。このとき，$f(x)$ は $x-a$ $(a\in\mathbb{Z})$ の形の因数をもつので，$f(a)=0$ である。すなわち，$f(x)=x^5-x-1$ は整数解 a をもつ。しかし，$a^5-a=a(a^4-1)=1$ で，1 の約数は ±1 に限る[※1]ので $a=\pm1$。しかし，$f(1)=-1\neq0$ かつ $f(-1)=-1\neq0$ なので，これは矛盾である。

【ステップ2】 （2次）（3次）の形に分解されるとき。このとき，$f(x)$ は

$$f(x)=x^5-x-1=(x^2+ax+b)(x^3+cx^2+dx+e)\quad(a,b,c,d,e\in\mathbb{Z})$$

の形に分解される。この右辺を展開すると，

$$x^5+(c+a)x^4+(d+ac+b)x^3+(e+ad+bc)x^2+(ae+bd)x+be$$

となるので，係数比較すると

$$\begin{cases} c+a=0 \\ d+ac+b=0 \\ e+ad+bc=0 \\ ae+bd=-1 \\ be=-1 \end{cases}$$

最初の式から $c=-a$ である。また，最後の式から，$(b,e)=(1,-1)$ または $(-1,1)$ である。

(i) $(b,e)=(1,-1)$ のとき。第4式より $d=a-1$ である。これらを第3式に代入すると，

[※1] ここで，ガウスの補題によって a が整数にとれるということを使っている。a は整数なので $a=\pm1$ に限るわけだが，もしガウスの補題を使わないで，a が有理数という状況で議論するなら，a の可能性は無限に多くある。

$$a^2 - 2a - 1 = 0$$

となるが，これを満たす整数 a は存在しない。

(ii) $(b, e) = (-1, 1)$ のとき。第 4 式より $d = a + 1$ である。これらを第 2 式と第 3 式に代入すると，それぞれ

$$a^2 - a = 0, \quad a^2 + 2a + 1 = 0$$

となるが，これらを同時に満たす整数 a は存在しない。

以上より，矛盾となるので，$x^5 - x - 1$ が $\mathbb{Q}$ 上既約であることが示された。

□

　例題 1.2.4 の解からわかるように，ガウスの補題を使えば，$\mathbb{Z}$ 上の多項式の $\mathbb{Q}$ 上の既約性判定が，往々にして簡単な整数の約数の問題に帰着することがわかる。例題 1.2.4 の解のような方法は，$\mathbb{Z}$ 上の多項式の $\mathbb{Q}$ 上での既約性を判定する上で，非常に「原始的」な方法であるが，その分，素朴でわかりやすい方法でもある。

　$\mathbb{Z}$ 上の多項式の $\mathbb{Q}$ 上の既約性を調べるとき，次の事実はしばしば便利である（証明は付録の 2.5 節で与える）。

定理 1.2.5（アイゼンシュタイン既約判定法）

　$\mathbb{Z}$ 上の多項式 $f(x) = a_0 + a_1 x + a_2 x^2 + \cdots + a_n x^n$ $(a_0, a_1, \cdots, a_n \in \mathbb{Z})$ は，次の 3 条件を満たす素数 p が存在するならば $\mathbb{Q}$ 上既約である。

(a) 最高次の係数 a_n を除くすべての係数 $a_0, a_1, \cdots, a_{n-1}$ は p で割り切れる。

(b) a_n は p で割り切れない。

(c) a_0 は p^2 では割り切れない。

演習問題 2-3　p を素数とし，$n \geqq 1$ とするとき，

$$f(x) = x^n - p$$

は $\mathbb{Q}$ 上既約であることを示せ。

演習問題 2-4 p を素数とするとき，$\mathbb{Z}$ 上の多項式

$$f(x) = x^{p-1} + \cdots + x + 1$$

は $\mathbb{Q}$ 上既約であることを示せ。

2 代数拡大

2.1 代数的要素

　高校でも教わるように $\sqrt{2}$ は有理数ではない（無理数である）が，これは $\mathbb{Q}$ 上の多項式 $x^2 - 2$ の根である。一般に，$\mathbb{Q}$ 上の多項式の根になり得る複素数を**代数的数**という。$\sqrt{2}$ や虚数単位 i などは代数的数である。これに対して，例えば，円周率 π やネピアの定数 e などは，いかなる $\mathbb{Q}$ 上の多項式の根にもなり得ないことが知られている。このように，いかなる $\mathbb{Q}$ 上の多項式の根にもなり得ない複素数を**超越数**という。

　代数的数の概念は，以下のように一般化される。

定義 2.1.1（代数的要素）

　体の拡大 E/K を考え，$\alpha \in E$ とする。K 上の 0 でない多項式 $f(x) \in K[x]$ で，$f(\alpha) = 0$ なるものが存在するとき，α は **K 上代数的**であるという。そうでないとき，α は **K 上超越的**であるという。

　よって，代数的数とは正確には「$\mathbb{Q}$ 上代数的な複素数」のことである。K 上代数的な要素 $\alpha \in E$ に対して，$f(\alpha) = 0$ となる K 上の多項式 $f(x) \in K[x]$ は無数にある。実際，$f(\alpha) = 0$ なら，どんな多項式 $g(x)$ に対して

$h(x) = f(x)g(x)$ としても，$h(\alpha) = 0$ となる。しかし，次の定理が示すように，それらはすべてある特別の多項式の倍数になっている。

定理 2.1.2

E/K を体の拡大とする。$\alpha \in E$ を K 上代数的とし，モニック $f(x) \in K[x]$ が $f(\alpha) = 0$ を満たすとする。このとき，以下は同値。
(a) $f(x)$ は $g(\alpha) = 0$ を満たす $g(x) \in K[x]$（$g(x) \neq 0$）の中で次数が最小である。
(b) $g(\alpha) = 0$ を満たす任意の $g(x) \in K[x]$ は，すべて $f(x)$ の倍数である。
(c) $f(x)$ は K 上既約である。

証明 (a) $\Rightarrow$ (b) を示す。$g(x) \in K[x]$ が $g(\alpha) = 0$ を満たすとする。$g(x)$ を $f(x)$ で割った商を $p(x)$，余りを $r(x)$ とする。

$$g(x) = f(x)p(x) + r(x) \quad (r(x) = 0 \text{ または } \deg r(x) < \deg f(x))$$

このとき $r(\alpha) = g(\alpha) - p(\alpha)f(\alpha) = 0$ だが，$r(x) \neq 0$ とすると $\deg r(x) < \deg f(x)$ なので，これは (a) の条件（$f(x)$ の最小次数性）に矛盾する。よって，$r(x) = 0$ となる。これは，$g(x)$ が $f(x)$ の倍数であることを示している。

(b) $\Rightarrow$ (c) を示す。$f(x)$ が K 上可約であるとする。このとき，$f(x) = g(x)h(x)$ となる定数でない $g(x)$，$h(x) \in K[x]$ が存在する。$g(\alpha)h(\alpha) = f(\alpha) = 0$ なので，$g(\alpha) = 0$ または $h(\alpha) = 0$ である。しかし，いずれにしても，$\deg g(x)$，$\deg h(x)$ は明らかに $\deg f(x)$ よりも小なので，これは (b) に矛盾する。

最後に (c) $\Rightarrow$ (a) を示す。$g(x)$ を $g(\alpha) = 0$ を満たす $g(x) \in K[x]$（$g(x) \neq 0$）の中で次数が最小のものとする。定数倍をして，$g(x)$ はモニックであるとしてよい。$f(x)$ を $g(x)$ で割った商を $p(x)$，余りを $r(x)$ とする。このとき，$g(x)$ の次数の最小性から，上と同様の議論で $r(x) = 0$ となる。よって，$f(x) = g(x)p(x)$ となる。しかし，$f(x)$ は K 上既約であり，$g(x)$ は定数で

はないので，$p(x)$ は定数である。$f(x)$ と $g(x)$ はモニックなので，$p(x)=1$ である。よって，$f(x)=g(x)$ となり，(a)が成り立つことが示された。　　□

―― 定義 2.1.3（最小多項式）――――――――――――――――――

E/K を体の拡大とする。K 上代数的な $\alpha \in E$ に対して，定理 2.1.2 の条件(a)〜(c)のうちのひとつ（よって，すべて）を満たす $f(x) \in K[x]$ を，α の **K 上の最小多項式**といい，$p_{\alpha,K}(x)$（あるいは $p_\alpha(x)$）で表す。

α の K 上の最小多項式は，ただひとつに決まる。実際，$p(x)$ と $p_1(x)$ がどちらも α の最小多項式とすると，定理 2.1.2 の条件(b)より $p_1(x)$ は $p(x)$ で割り切れ，$p(x)$ は $p_1(x)$ で割り切れることになるから，$p_1(x)=c \cdot p(x)$ $(c \in K)$ となるが，どちらもモニックなので，最高次の係数をみて $c=1$ となり，よって $p_1(x)=p(x)$ となる。

定理 2.1.2 より，$f(\alpha)=0$ である K 上の多項式 $f(x)$ が，α の K 上の最小多項式であるか否かを判定するには，$f(x)$ が K 上既約であるか否かを判定すればよいことがわかる。

―― 例題 2.1.4 ――――――――――――――――――――――――

$\sqrt{2}+\sqrt{3}$ の $\mathbb{Q}$ 上の最小多項式を求めよ。

解 $\alpha=\sqrt{2}+\sqrt{3}$ とする。まずは，α の最小多項式の候補となる $\mathbb{Q}$ 上の多項式を探そう。$(\alpha-\sqrt{2})^2=3$ より，$\alpha^2-2\sqrt{2}\,\alpha+2=3$ である。よって，$\alpha^2-1=2\sqrt{2}\,\alpha$ なので，両辺をさらに 2 乗して $\alpha^4-2\alpha^2+1=8\alpha^2$ より，$\alpha^4-10\alpha^2+1=0$ となる。よって，

$$p(x)=x^4-10x^2+1$$

とすると，これは $\mathbb{Q}$ 上の多項式で $p(\alpha)=0$ を満たす。

よって，$p(x)$ が $\mathbb{Q}$ 上既約であることが示されれば，この $p(x)$ が求める最小多項式である。以下で，それを背理法で証明する。その証明は例題 1.2.4 の

ようにすればよい。

$p(x) = x^4 - 10x^2 + 1$ が $\mathbb{Q}$ 上可約であるとすると，（1 次）（3 次）の形か，（2 次）（2 次）の形に分解されるはずである。また，定理 1.2.3 より，いずれの場合も，$\mathbb{Z}$ 上のモニックで分解されるはずである。

【ステップ 1 】 （1 次）（3 次）の形に分解されるとき。このとき，$p(x)$ は $x - a$ $(a \in \mathbb{Z})$ の形の因数をもつので，$p(a) = 0$ である。すなわち，$p(x) = x^4 - 10x^2 + 1$ は整数解 a をもつ。しかし，$a^4 - 10a^2 = a^2(a^2 - 10) = -1$ で，-1 の約数は ± 1 に限るので $a = \pm 1$。しかし，$p(1) = -8 \neq 0$ かつ $p(-1) = -8 \neq 0$ なので，これは矛盾である。

【ステップ 2 】 （2 次）（2 次）の形に分解されるとき。このとき，$f(x)$ は

$$p(x) = x^4 - 10x^2 + 1 = (x^2 + ax + b)(x^2 + cx + d) \quad (a, b, c, d \in \mathbb{Z})$$

の形に分解される。この右辺を展開すると，

$$x^4 + (c + a)x^3 + (d + ac + b)x^2 + (ad + bc)x + bd$$

となるので，係数比較すると

$$\begin{cases} c + a = 0 \\ d + ac + b = -10 \\ ad + bc = 0 \\ bd = 1 \end{cases}$$

最初の式から $c = -a$ である。また，最後の式から，$(b, d) = (1, 1)$ または $(-1, -1)$ である。

(i) $(b, d) = (1, 1)$ のとき。第 2 式より，

$$a^2 = 12$$

となるが，これを満たす整数 a は存在しない。

(ii) $(b, d) = (-1, -1)$ のとき。第 2 式より，

$$a^2 = 8$$

となるが，これを満たす整数 a は存在しない。

以上より，矛盾となるので，$p(x) = x^4 - 10x^2 + 1$ が $\mathbb{Q}$ 上既約であることがわかり，これが $\sqrt{2} + \sqrt{3}$ の $\mathbb{Q}$ 上の最小多項式であることが示された。　　□

演習問題 2-5　$\sqrt[3]{2}$ の $\mathbb{Q}$ 上の最小多項式を求めよ。

演習問題 2-6　$\sqrt[3]{2}$ の $\mathbb{R}$ 上の最小多項式を求めよ。

2.2　単拡大

以下の議論では，大学 1 年生で学ぶ線形代数（ベクトル空間に関する数学）を少し使わなければならない。しかし，あまりハードに使うわけではないので，線形代数を履修していなくても直観的な理解で大丈夫である。基本的には，例えば，2 次元（ベクトル）空間の中には 3 次元（ベクトル）空間は入らないというようなことが直観的に理解できれば十分である。

一般に，α が K のなんらかの拡大体の要素であるとき，K の元と α の四則演算によって得られる要素の全体を

$$K(\alpha)$$

と書く。また，K の元と α のたし算・ひき算・かけ算だけで得られる数全体を

$$K[\alpha]$$

と書く。$K(\alpha)$ は四則演算で閉じている（すなわち，体である）が，$K[\alpha]$ はたし算・ひき算・かけ算で閉じていることしか，今のところはわからない[※2]。

※2　実はすぐ後で見るように，α が K 上代数的なら，0 でない数による割り算でも閉じていることがわかる。

―――注意 2.2.1―――

(1) $K[\alpha]$ という記号は，K 上の多項式全体 $K[x]$ の変数 x に α を代入したもの，つまり，K 上の多項式に α を代入して得られる数全体という意味の記号である。よって，$K[\alpha]$ とは，K の要素と α のたし算・ひき算・かけ算だけで作られる要素の全体である。

(2) 一般に K 上の多項式 $f(x)$ と $g(x)$ で，$g(x)$ が定数 0 でないとき，有理式 $f(x)/g(x)$ を考えることができる。その全体を $K(x)$ と書き，**K 上の有理関数体**という（第 1 章注意 2.1.4 参照）。これは体になっている。上で $K(\alpha)$ と書いたものは，$K(x)$ の変数 x に α を代入したもの，つまり，K 上の有理関数に（分母が 0 にならない限り）α を代入して得られる数全体という意味の記号である。よって，$K(\alpha)$ とは，K の要素と α の四則演算（たし算・ひき算・かけ算および 0 でない数での割り算）で作られる要素の全体である。

$K(\alpha)$ の方が（少なくとも見かけ上は）多くの数を含んでいるから，明らかに $K[\alpha] \subset K(\alpha)$ である。

α が K 上代数的であるとし，

$$p(x) = x^d + a_1 x^{d-1} + \cdots + a_{d-1} x + a_d \quad (a_1,\, a_2,\, \cdots,\, a_d \in K)$$

を α の K 上の最小多項式とする。$K[\alpha]$ の元は，K 上の任意の多項式 $f(x)$ に $x = \alpha$ を代入した値の全体だが，$f(x)$ を $p(x)$ で割って

$$f(x) = p(x)q(x) + r(x) \quad (r(x) = 0 \text{ または } \deg r(x) < \deg p(x))$$

とすると，$f(\alpha) = r(\alpha)$ である。つまり，K 上の多項式 $f(x)$ の $p(x)$ で割った余り $r(x)$ だけで，その値は決まる。$r(x)$ は高々 $d-1$ 次の多項式なので，結局，$K[\alpha]$ の任意の要素は

$$c_0 + c_1 \alpha + \cdots + c_{d-1} \alpha^{d-1} \quad (c_0,\, c_1,\, \cdots,\, c_{d-1} \in K) \qquad (\dagger)$$

という形である。これは，$K[\alpha]$ の要素を書き表すときの K の定数が，$c_0,\, c_1,$

…, c_{d-1} の d 個で十分であること，すなわち，$K[\alpha]$ の K 上の次元が d 以下であることを示している。

注意 2.2.2

実は，線形代数を使うと，その次元はちょうど d に等しいことがわかる。つまり $1, \alpha, \cdots, \alpha^{d-1}$ は K 上一次独立である。実際，$c_0 + c_1\alpha + \cdots + c_{d-1}\alpha^{d-1} = 0$ とすると，α は K 上の多項式 $g(x) = c_0 + c_1 x + \cdots + c_{d-1}x^{d-1}$ の解ということになるが，その次数は α の最小多項式 $p(x)$ の次数 d よりも小なので，$g(x) = 0$（多項式として 0 という意味。第1章注意 2.1.3 を参照）でなければならない。すなわち，$c_0 = c_1 = \cdots = c_{d-1} = 0$ である。これは $1, \alpha, \cdots, \alpha^{d-1}$ は K 上一次独立であることを示している。

例 2.2.3

(1) $\sqrt{2}$ の $\mathbb{Q}$ 上の最小多項式は $x^2 - 2$ である。よって，$\mathbb{Q}[\sqrt{2}] = \{a + b\sqrt{2} \mid a, b \in \mathbb{Q}\}$ である。

(2) 虚数単位 i の $\mathbb{Q}$ 上の最小多項式は $x^2 + 1$ である。よって，$\mathbb{Q}[i] = \{a + bi \mid a, b \in \mathbb{Q}\}$ である。

(3) $\sqrt[3]{2}$ の $\mathbb{Q}$ 上の最小多項式は $x^3 - 2$ である（演習問題 2-5）。よって，$\mathbb{Q}[\sqrt[3]{2}] = \{a + b\sqrt[3]{2} + c\sqrt[3]{2}^2 \mid a, b, c \in \mathbb{Q}\}$ である。

第1章演習問題 1-2 では，$\mathbb{Q}[\sqrt{2}] = \{a + b\sqrt{2} \mid a, b \in \mathbb{Q}\}$ が体であること，すなわち $\mathbb{Q}(\sqrt{2})$ に等しいことを確かめた。また，第1章演習問題 1-4 では，$\mathbb{Q}[i] = \{a + bi \mid a, b \in \mathbb{Q}\}$ が体であること，すなわち $\mathbb{Q}(i)$ に等しいことを確かめた。実は，次の定理が示すように，一般に α が K 上代数的ならば $K[\alpha] = K(\alpha)$ である。つまり，K の要素と α の四則演算で作られる数は，実は K の要素と α のたし算・ひき算・かけ算だけでも作ることができるということだ。

―― 定理 2.2.4 ――

α が K 上代数的ならば，$K[\alpha] = K(\alpha)$ である。

証明 $K[\alpha]$ はたし算・ひき算・かけ算で閉じており，$K(\alpha)$ は四則演算で閉じている。よって，題意の等式を示すには，$K[\alpha]$ の 0 でない任意の要素が $K[\alpha]$ の中で逆数をもつことを示せばよい。$\beta \in K[\alpha]$ $(\beta \neq 0)$ とする。等比数列

$$1, \beta, \beta^2, \beta^3, \cdots$$

を考える。このとき，n を十分に大きくとれば $1, \beta, \beta^2, \cdots, \beta^n$ の間に K 上の関係式

$$c_0 + c_1 \beta + c_2 \beta^2 + \cdots + c_n \beta^n = 0 \qquad (*)$$

$(c_0, c_1, \cdots, c_n$ の中の少なくともひとつは $\neq 0)$ が存在する。実際，このようなことができないならば $1, \beta, \beta^2, \beta^3, \cdots$ は $K[\alpha]$ の中で無限次元の部分空間を張ることになるが，$K[\alpha]$ の次元は有限なので，これは不合理である。

そこで $(*)$ のような関係式で，n が最小になるものをとる。このとき，$c_0 \neq 0$ である。実際，$c_0 = 0$ なら，$(*)$ の両辺を β で割って，次数が n より小さい関係式ができることになるが，これは n の最小性に矛盾する。

このとき，$(*)$ を変形すると，

$$\beta^{-1} = -\frac{1}{c_0}(c_1 + c_2 \beta + \cdots + c_n \beta^{n-1})$$

となるが，これは β の逆数 β^{-1} が $K[\alpha]$ の要素であることを示している。 □

以上をまとめると，次の定理になる。

―― 定理 2.2.5 ――

α を K 上代数的とし，α の K 上の最小多項式 $p(x)$ の次数を d とす

る（d は α の K 上の次数と呼ばれる）。このとき，$K[\alpha]$ は K の拡大体であり，その元は 47 ページの（†）の形に一意的に書ける。とくに，$K[\alpha]$ は K 上のベクトル空間として d 次元である。

$K(\alpha)$ の形の K の拡大を**単拡大**という。

2.3　代数拡大

定義 2.3.1（代数拡大）

(1) 体の拡大 E/K において，任意の $\alpha \in E$ が K 上代数的であるとき，E/K は**代数拡大**であるという。

(2) 体の拡大 E/K において，E が K 上のベクトル空間として有限次元であるとき，E/K は**有限（次）拡大**であるといい，その次元を $[E:K]$ とか (E/K) とか書き，E/K の**拡大次数**という。

次の定理は定理 2.2.5 の言い換えである。

定理 2.3.2

α を K 上代数的とし，その K 上の最小多項式を $p(x)$ とする。このとき $K(\alpha) = K[\alpha]$ は K 上の有限次拡大で，

$$[K(\alpha):K] = \deg p(x)$$

が成り立つ。

次の定理が示すように，一般に，有限次拡大は代数拡大である。

定理 2.3.3

E/K が有限次拡大なら，E/K は代数拡大である。とくに，K 上代数的な元 α による単拡大 $K(\alpha) = K[\alpha]$ は K 上の代数拡大である。

証明 任意の $\beta \in E$ が K 上代数的であることを示せばよい。これは定理 2.2.4 の証明の議論と同様に，次のように示される。等比数列

$$1, \beta, \beta^2, \cdots$$

を考える。このとき，n を十分に大きくとれば $1, \beta, \beta^2, \cdots, \beta^n$ の間に K 上の関係式

$$c_0 + c_1\beta + c_2\beta^2 + \cdots + c_n\beta^n = 0$$

$(c_0, c_1, \cdots, c_n$ の中の少なくともひとつは $\neq 0)$ が存在する。実際，このようなことができないならば $1, \beta, \beta^2, \beta^3, \cdots$ は E の中で無限次元の部分空間を張ることになるが，E の次元は有限なので，これは不合理である。

このとき，$f(x) = c_0 + c_1 x + \cdots + c_n x^n$ とすると，これは 0 でない K 上の多項式で $f(\beta) = 0$ である。よって，β は K 上代数的である。$\beta \in E$ は任意であったから，以上で E の任意の元が K 上代数的であることが証明された。 $\square$

2.4 付録・ガウスの補題の証明

ここでは，ガウスの補題（定理 1.2.3）の証明を与えよう。まず，次の補題を示す。

補題 2.4.1

$G(x), H(x) \in \mathbb{Z}[x]$ として，$F(x) = G(x)H(x)$ とする。素数 p が $F(x)$ のすべての係数を割り切るならば，p は $G(x)$ のすべての係数を割り切るか，あるいは $H(x)$ のすべての係数を割り切る。

証明

$$G(x) = b_0 + b_1 x + \cdots + b_n x^n$$
$$H(x) = c_0 + c_1 x + \cdots + c_m x^m$$
$$F(x) = a_0 + a_1 x + \cdots + a_{n+m} x^{n+m}$$

とする。このとき，

$$a_0 = b_0 c_0, \quad a_1 = b_0 c_1 + b_1 c_0, \quad a_2 = b_0 c_2 + b_1 c_1 + b_2 c_0, \quad \cdots$$

一般に

$$a_k = b_0 c_k + b_1 c_{k-1} + \cdots + b_{k-1} c_1 + b_k c_0 \quad (k = 0, 1, \cdots, n+m)$$

が成り立つ。

　さて，補題を証明するために，その対偶を証明する。すなわち，素数 p が $G(x)$ の少なくともひとつの係数を割り切らず，かつ $H(x)$ の少なくともひとつの係数を割り切らないとして，$F(x)$ の少なくともひとつの係数を割り切らないことを示す。p は $b_0, b_1, \cdots, b_n$ のどれかを割り切らない。よって，p で割り切れない b_i $(i = 0, 1, \cdots, n)$ で番号 i が最小のものをとる。同様に，p で割り切れない c_j $(j = 0, 1, \cdots, m)$ で番号 j が最小のものをとる。このとき，$k = i + j$ とすると，

$$a_k = \underbrace{b_0 c_k + \cdots + b_{i-1} c_{j+1}}_{B} + b_i c_j + \underbrace{b_{i+1} c_{j-1} + \cdots + b_k c_0}_{C} = B + b_i c_j + C$$

となるが，

- $b_0, \cdots, b_{i-1}$ は p で割り切れるので，B は p で割り切れる
- $c_{j-1}, \cdots, c_0$ は p で割り切れるので，C は p で割り切れる

しかし，p は素数なので，$b_i c_j$ は p で割り切れないから，a_k は p で割り切れない。よって，p は $F(x)$ の少なくともひとつの係数 a_k を割り切らないことがわかり，補題が証明された。　　　　　　　　　　　　　　　　□

　定理 1.2.3 を証明するために，$\mathbb{Z}$ 上の多項式 $f(x) \in \mathbb{Z}[x]$ が，$\mathbb{Q}$ 上の定数でない多項式 $g(x)$, $h(x) \in \mathbb{Q}[x]$ によって $f(x) = g(x)h(x)$ と分解されたとする。$g(x)$ と $h(x)$ は，十分大きな正の整数をかければ（分母がすべて払われて）整数係数になる。b を $b \cdot g(x)$ が $\mathbb{Z}$ 上の多項式となるような正の整数とし，c を $c \cdot h(x)$ が $\mathbb{Z}$ 上の多項式となるような正の整数とする。$G(x) = bg(x)$, $H(x) = ch(x)$ とする。また，$bc = a$ とする。このとき，$af(x) = G(x)H(x)$

が成り立つ。

$a = 1$ ならば，$f(x) = G(x)H(x)$ が定数でない $\mathbb{Z}$ 上の多項式による $f(x)$ の分解である。$a > 1$ ならば，a を割り切る素数 p_1 が存在する。$a = p_1 a_1$ とする。このとき，補題 2.4.1 から，p_1 は $G(x)$ または $H(x)$ を割り切る。$G(x)$ が p_1 で割り切れるなら，$G(x)$ を p_1 で割ったもの（これも整数係数の多項式）を，改めて $G(x)$ とする。$G(x)$ が p_1 で割り切れないなら，$H(x)$ が p_1 で割り切れるので，$H(x)$ を p_1 で割ったもの（これも整数係数の多項式）を，改めて $H(x)$ とする。いずれにしても，このとき $a_1 f(x) = G(x)H(x)$ となる。

$a_1 = 1$ ならば，得られていた $f(x) = G(x)H(x)$ が定数でない $\mathbb{Z}$ 上の多項式による $f(x)$ の分解である。$a_1 > 1$ ならば，a_1 を割り切る素数 p_2 が存在する。$a_1 = p_2 a_2$ とする。$G(x)$ が p_2 で割り切れるなら，$G(x)$ を p_2 で割ったもの（これも整数係数の多項式）を，改めて $G(x)$ とする。$G(x)$ が p_2 で割り切れないなら，$H(x)$ が p_2 で割り切れるので，$H(x)$ を p_2 で割ったもの（これも整数係数の多項式）を，改めて $H(x)$ とする。いずれにしても，$a_2 f(x) = G(x)H(x)$ となる。

以上の手順を繰り返す。このとき，$a > a_1 > a_2 > \cdots$ であり，これらはすべて正の整数なので，何回か繰り返すと $a_l = 1$ となる。そのときに得られていた分解 $a_l f(x) = f(x) = G(x)H(x)$ が，定数でない $\mathbb{Z}$ 上の多項式による $f(x)$ の分解を与える。以上で，定理の前半が証明された。

後半を示すために $f(x)$ がモニックであるとし，$f(x) = g(x)h(x)$ が $\mathbb{Z}$ 上の多項式 $g(x), h(x)$ による分解とする。このとき，

$$g(x) = b_0 + b_1 x + \cdots + b_n x^n, \quad h(x) = c_0 + c_1 x + \cdots + c_m x^m$$

$(b_n \neq 0,\ h_m \neq 0)$ とすると，$g(x)h(x)$ の最高次の係数は $b_n c_m$ となるが，$f(x)$ はモニックなので $b_n c_m = 1$ である。b_n, c_m は整数なので，$b_n = c_m = 1$ または $b_n = c_m = -1$ である。前者の場合は，$g(x), h(x)$ はモニックである。後者の場合，$f(x) = \{-g(x)\}\{-h(x)\}$ であり，$-g(x), -h(x)$ はモニックである。

以上で定理 1.2.3 の証明が完了した。 □

2.5 付録・アイゼンシュタイン既約判定法の証明

ここでは，アイゼンシュタイン既約判定法（定理 1.2.5）の証明を与えよう。

証明は，$f(x)$ が $\mathbb{Q}$ 上可約であるとして矛盾を導くことで行われる（背理法）。$f(x)$ が $\mathbb{Q}$ 上可約ならば，定数でない $\mathbb{Z}$ 上の多項式 $g(x)$, $h(x)$ によって $f(x) = g(x)h(x)$ と分解される。

$$g(x) = b_0 + b_1 x + \cdots + b_m x^m$$
$$h(x) = c_0 + c_1 x + \cdots + c_l x^l$$

（ただし，m, $l \geq 1$, $m + l = n$, $b_m \neq 0$, $c_l \neq 0$）とする。$b_0 c_0 = a_0$ で a_0 は p で割り切れるから，b_0, c_0 のどちらかは p で割り切れる。しかし，a_0 は p^2 では割り切れないので，b_0, c_0 のどちらか一方のみが p で割り切れる。そこで，必要なら $g(x)$ と $h(x)$ を入れ換えて，b_0 は p で割り切れ，c_0 は p で割り切れないとしてよい。

一方，$a_n = b_m c_l$ で a_n は p で割り切れないので，b_m も c_l も p で割り切れない。

主張 1. b_0, b_1, $\cdots$, b_{m-1} は p で割り切れる。

b_k $(k = 0, 1, \cdots, m-1)$ が p で割り切れることを，k についての数学的帰納法によって示そう。b_0 が p で割り切れるのは，すでに述べた通り。そこで b_0, b_1, $\cdots$, b_{k-1} $(1 \leq k \leq m-1)$ までが p で割り切れるとする。このとき，

$$a_k = b_0 c_k + b_1 c_{k-1} + \cdots + b_{k-1} c_1 + b_k c_0$$

である。$k \leq m < m + l = n$ なので a_k は p で割り切れる。よって，$b_k c_0 = a_k - (b_0 c_k + b_1 c_{k-1} + \cdots + b_{k-1} c_1)$ は p で割り切れるが，c_0 は p で割り切れないので，b_k は p で割り切れる。以上で主張は示された。

しかし，主張の証明の議論をさらに進めて

$$a_m = b_0 c_m + b_1 c_{m-1} + \cdots + b_{m-1} c_1 + b_m c_0$$

を考えると，$m < m + l = n$ なので a_m は p で割り切れ，c_0 は p で割り切れないから，b_m は p で割り切れることになってしまう。これは上で b_m が p で割り

切れないと述べたことに矛盾する。よって，背理法により $f(x)$ が $\mathbb{Q}$ 上既約であることが示された。 □

第3章　方程式のガロア群

　ガロア理論で最も重要で，おそらく最も難しいことのひとつは，**ガロア群**という概念を定義することである。ガロア群を導入することは，それ自体がとても難しいことなので，大抵の場合はずっと後回しになってしまう。しかし，我々はここで多少なりとも直観的でよいから，手早くガロア群というものの感触を知っておきたいと思う。

1　方程式のガロア群とは何か？

1.1　4次方程式の例

　代数方程式のガロア群というものについて，まずは直観的でインフォーマルな説明から始めたい。そこで前回の復習も兼ねて，ひとつの例を計算しよう。

$$\alpha = \sqrt{2 - \sqrt{3}}$$

とする。

例題 1.1.1（第2章の復習）

　α の $\mathbb{Q}$ 上の最小多項式を求めよ。

解 $\alpha^2 = 2 - \sqrt{3}$ なので，$\alpha^2 - 2 = -\sqrt{3}$ である。よって，$(\alpha^2 - 2)^2 = \alpha^4 - 4\alpha^2 + 4 = 3$ となる。よって，α は4次多項式

$$q(x) = x^4 - 4x^2 + 1$$

の解（31ページ注意2.3.3(2)を参照）である。$q(x)$ が $\mathbb{Q}$ 上既約であることが

示されれば，この $q(x)$ が求める最小多項式である。その証明は，演習問題とする。　　　　　　　　　　　　　　　　　　　　　　　　　　　　□

演習問題 3-1 $q(x) = x^4 - 4x^2 + 1$ が $\mathbb{Q}$ 上既約であることを示し，例題 1.1.1 の解を完成させよ。

1.2　ガロア群のインフォーマルな定義

ガロア群という概念を導入するには，もちろんその前に「群」という概念を導入しなければならない。しかし，ここでは直観的に「根の入れ換え（置換）の適当な集まり」として理解しておく。

定義 1.2.1（ガロア群の直観的な定義）

$\mathbb{Q}$ 上の n 次代数方程式 $f(x) = 0$ の（複素数の）解が（重複も込めて）

$$\alpha_1,\ \alpha_2,\ \cdots,\ \alpha_n$$

であるとする。方程式 $f(x) = 0$ の $\mathbb{Q}$ 上のガロア群とは，α_i ($i = 1, 2, \cdots, n$) の置換で，四則演算と整合的になっている（この意味は以下で説明される）もの全体（のなす群）である。これは n 個の文字 $1, 2, \cdots, n$ の置換全体のなす群（n 次対称群）S_n の中の部分群をなす。

ここでは方程式 $f(x) = 0$ のガロア群を定義するために，そのすべての解を使っている。もちろん，一般に代数方程式の解をすべて具体的に書き下すということは，普通はできないので，ここでいう定義も，あくまで理屈の上でのことである。実際，代数方程式のガロア群は大抵の場合，直接的に計算することは困難であり，群論を用いて間接的に計算されたりすることが多い。

先に計算した $q(x) = x^4 - 4x^2 + 1$ を例にとって，その $\mathbb{Q}$ 上のガロア群を計算してみよう。これは $\sqrt{2 - \sqrt{3}}$ を含めて，次の4つの解をもつ。

$$\alpha_1 = \sqrt{2 - \sqrt{3}},\ \alpha_2 = \sqrt{2 + \sqrt{3}},\ \alpha_3 = -\sqrt{2 - \sqrt{3}},\ \alpha_4 = -\sqrt{2 + \sqrt{3}}$$

$q(x)$ のガロア群 G は $\{1, 2, 3, 4\}$ の置換, つまり $\{\alpha_1, \alpha_2, \alpha_3, \alpha_4\}$ の置換で, 四則演算と整合的なものということになる。$\{1, 2, 3, 4\}$ の置換のすべては $4! = 24$ 個あるのであるが, そのすべてが $q(x)$ のガロア群 G の元となるわけではない。問題は「四則演算と整合的」という条件の意味である。例えば, 以下の例題が示すように, α_1 と α_2 を入れ換えるだけという置換は,「四則演算と整合的」ではない (よって, $q(x)$ のガロア群 G の元とはならない)。

例題 1.2.2

1 と 2 を入れ換えるというだけの置換 (互換と呼ばれ, 記号で (1 2) と書かれる。第 4 章 2.4 節参照) は, $q(x)$ のガロア群 G に入らないことを示せ。

解 α_1 を α_2 に写すならば $\alpha_1^2 - 2 = -\sqrt{3}$ は $\alpha_2^2 - 2 = \sqrt{3}$ に写されなければならない。しかし互換 (1 2) は α_3 を固定することに注意しよう。ということは $-\sqrt{3} = \alpha_3^2 - 2$ は $-\sqrt{3}$ 自身に写されなければならないことになる。上では $-\sqrt{3}$ は $\sqrt{3}$ に写されなければならなかったが, それが同時に $-\sqrt{3}$ にも写されなければならない。つまり (四則演算の計算だけで) $\sqrt{3} = -\sqrt{3}$ となってしまったので矛盾である。よって, 互換 (1 2) はガロア群 G には入らない。

□

演習問題 3-2 1 と 3 を入れ換えるというだけの互換 (1 3) は, $q(x)$ のガロア群 G に入らないことを示せ。

1.3 ガロア群の計算

もう少し, 計算を続けよう。もし α_1 が α_2 に写されるような置換がガロア群 G に入っているなら, その置換はどうなっていなければならないか? 上に見たように α_3 が α_3 自身に写されることはない。また, これと同じ理由から α_3 が α_1 に写されることもない。α_3 が α_2 に写されてもいけない (α_2 にはすで

に α_1 が写されてくるから[1]）。というわけで、α_3 は α_4 に写されなければならない。今わかったように $\alpha_1 \mapsto \alpha_2$ なら $\alpha_3 \mapsto \alpha_4$ である。

では α_2 はどこに写されるべきであろうか？　上と同じように考えると $\sqrt{3} = -(-\sqrt{3})$ は $-\sqrt{3}$ に写されなければならないので、α_2 は α_1 か α_3 に写されるべきである。そこで $\alpha_2 \mapsto \alpha_3$ としてみる。このとき $1 = \alpha_1 \alpha_2$ は $\alpha_2 \alpha_3 = -1$ に写されることになり矛盾。よって $\alpha_2 \mapsto \alpha_1$ となる。同様に $\alpha_4 \mapsto \alpha_3$ もわかる。

というわけで、α_1 を α_2 に写すようなガロア群の元があるなら、それは互換の積 (1 2)(3 4) しかないことがわかった。置換の「積」の概念は、次の章で詳しく説明するが、ここでは「置換の合成」という意味、つまり文字の入れ換えを続けて行うという意味で理解しておこう。「(1 2)(3 4)」という置換は、

(3 4)（3 と 4 を入れ換える）をした後に (1 2)（1 と 2 を入れ換える）

という意味である[2]。つまり、

$$1 \longmapsto 2$$
$$2 \longmapsto 1$$
$$3 \longmapsto 4$$
$$4 \longmapsto 3$$

という置換である。

注意 1.3.1

例題 1.2.2 で見たように、一般に「四則演算と整合的でない」ことを示すことは可能であっても、ある置換が「四則演算と整合的である」ことを確かめるのは難しいことが多い。だから、ここでの計算も、今はあくまでも理屈の上のことであるという感じに、おおらかに理解してほしい。

---

[1] 「置換＝入れ換え」というからには、各文字の行き先がダブってしまったりしてはいけない。

[2] この場合はたまたまどちらでもよいのであるが、通常、置換 σ と置換 τ の積 $\sigma\tau$ は「τ してから σ する」というように、「右から左」の順番で置換を合成する。

このような計算を繰り返して丁寧に分類すると，求めるガロア群は

$$G = \{e, (1\ 2)(3\ 4), (1\ 3)(2\ 4), (1\ 4)(2\ 3)\}$$

（e は単位元，つまり何も入れ換えないという互換）という位数[※3]4 の群になることが計算される。

2 方程式のガロア群

2.1 最小分解体

上で見たように，ガロア群とは定義することも難しいものであり，計算することも一般には容易ではない。どのような代数的数（あるいはそれを根にもつ代数方程式）にもちゃんとガロア群が定義できて，きちんと存在するということを確立したという点だけでも，ガロア理論の功績は大きい。現代ではガロア群の定義は，抽象的な体論の言葉で与えられる。

定義 2.1.1（最小分解体）

$\mathbb{Q}$ 上の n 次代数方程式 $f(x) = 0$ の解が（重複も込めて）

$$\alpha_1,\ \alpha_2,\ \cdots,\ \alpha_n$$

であるとする。その全体を有理数体 $\mathbb{Q}$ に添加して得られる拡大体

$$K = \mathbb{Q}(\alpha_1,\ \alpha_2,\ \cdots,\ \alpha_n)$$

を $f(x)$ の**最小分解体**という。

ここで（最小分解体に限らないが），一般に体 K に $\alpha_1, \alpha_2, \cdots, \alpha_n$ を**添加して**得られた拡大体 $K(\alpha_1, \alpha_2, \cdots, \alpha_n)$ とは

※3 群の**位数**とは，その群に属する要素の個数のことである。

$$K \overset{\alpha_1 を添加}{\rightsquigarrow} K(\alpha_1) \overset{\alpha_2 を添加}{\rightsquigarrow} K(\alpha_1)(\alpha_2) \overset{\alpha_3 を添加}{\rightsquigarrow} \cdots \overset{\alpha_n を添加}{\rightsquigarrow} K(\alpha_1)(\alpha_2) \cdots (\alpha_n)$$

というように，単拡大を積み重ねて構成されたものである。言い換えれば，$K(\alpha_1, \alpha_2, \cdots, \alpha_n)$ とは

$$K \text{ の要素と } \alpha_1, \alpha_2, \cdots, \alpha_n \text{ から四則演算で得られた数全体}$$

がなす体のことである。もし，$\alpha_1, \alpha_2, \cdots, \alpha_n$ がすべて K 上代数的なら，第 2 章定理 2.2.4 より $K(\alpha_1, \alpha_2, \cdots, \alpha_n)$ は $K[\alpha_1, \alpha_2, \cdots, \alpha_n]$ に等しい，つまり

$$K \overset{\alpha_1 を添加}{\rightsquigarrow} K[\alpha_1] \overset{\alpha_2 を添加}{\rightsquigarrow} K[\alpha_1][\alpha_2] \overset{\alpha_3 を添加}{\rightsquigarrow} \cdots \overset{\alpha_n を添加}{\rightsquigarrow} K[\alpha_1][\alpha_2] \cdots [\alpha_n]$$

として構成されたものに等しい。

$f(x)$ の最小分解体 K 上では，$f(x)$ は「完全に分解する」，すなわち，1 次式の積に因数分解される。

$$f(x) = a(x - \alpha_1)(x - \alpha_2) \cdots (x - \alpha_n)$$

（ただし，a は 0 でない有理数）。代数学の基本定理（第 1 章定理 2.4.1）によれば，このような分解は複素数体 $\mathbb{C}$ 上では可能である。$f(x)$ の最小分解体とは，$f(x)$ がその上で 1 次式の積に分解されるような $\mathbb{Q}$ の拡大体の中で最小のものである。あるいは，$f(x)$ を 1 次式の積に分解できるような，過不足のない拡大体だということもできる。

例題 2.1.2

$\mathbb{Q}$ 上の多項式 $q(x) = x^4 - 4x^2 + 1$ の最小分解体は

$$\mathbb{Q}\left(\sqrt{2 - \sqrt{3}}, \sqrt{2 + \sqrt{3}}\right)$$

であることを示せ。

解 $q(x)$ の根は $\sqrt{2 - \sqrt{3}}$, $\sqrt{2 + \sqrt{3}}$, $-\sqrt{2 - \sqrt{3}}$, $-\sqrt{2 + \sqrt{3}}$ であるが，$-\sqrt{2 - \sqrt{3}}$ は $\sqrt{2 - \sqrt{3}}$ （と有理数）から四則演算で作られ，$-\sqrt{2 + \sqrt{3}}$ は

$\sqrt{2+\sqrt{3}}$（と有理数）から四則演算で作られるので，添加する要素は $\sqrt{2-\sqrt{3}}$，$\sqrt{2+\sqrt{3}}$ の2つで十分である。　　　　　□

例題 2.1.3

$\mathbb{Q}$ 上の多項式 $f(x) = x^4 - 10x^2 + 1$ の最小分解体を求めよ。

解 第2章例題2.1.4で見たように，$f(x) = x^4 - 10x^2 + 1 = 0$ の解の全体は

$$\sqrt{2}+\sqrt{3},\ \sqrt{2}-\sqrt{3},\ -\sqrt{2}+\sqrt{3},\ -\sqrt{2}-\sqrt{3}$$

で与えられる。よって，その最小分解体は

$$\mathbb{Q}(\sqrt{2}+\sqrt{3},\ \sqrt{2}-\sqrt{3},\ -\sqrt{2}+\sqrt{3},\ -\sqrt{2}-\sqrt{3})$$

で与えられる。または，上に書いた解全体を左から $\alpha_1,\ \alpha_2,\ \alpha_3,\ \alpha_4$ とすると，

$$\frac{\alpha_1 + \alpha_2}{2} = \sqrt{2},\ \frac{\alpha_1 + \alpha_3}{2} = \sqrt{3}$$

であり，逆に $\alpha_1,\ \alpha_2,\ \alpha_3,\ \alpha_4$ は $\sqrt{2}$ と $\sqrt{3}$ の $\mathbb{Q}$ 上の有理式なので，

$$\mathbb{Q}(\sqrt{2},\ \sqrt{3})$$

とも書ける。　　　　　□

演習問題 3-3 例題2.1.3で求めた最小分解体は，実は単拡大

$$\mathbb{Q}(\sqrt{2}+\sqrt{3})$$

に等しいことを示せ。

演習問題 3-4 $\mathbb{Q}$ 上の多項式 $f(x) = x^3 - 2$ の最小分解体を求めよ。

2.2　写像の概念

　ガロア群の数学的な定義を与えるためには，写像の概念を理解しておく必要がある。

　X, Y を集合とする。X のどの要素にも，Y の要素が1つずつ対応しているとき，この対応を X から Y への**写像**といい，f などの記号を用いて

$$f : X \longrightarrow Y$$

と書く。また，この写像で $a \in X$ に $b \in Y$ が対応するとき，b は写像 f による a の**像**であるといい，

$$f(a) = b \quad または \quad f : a \longmapsto b$$

などと書く。

例 2.2.1

　関数とは写像の特別な場合である。具体的には，X が実数 $\mathbb{R}$ の部分集合（例えば区間）で，Y が実数全体 $\mathbb{R}$ であるときは，f は X に属する実数 a に対して実数 $f(a)$ が定まるという関数である。

　写像 $f : X \to Y$ において，X は写像 f の**定義域**といい，Y は**終域**という。x が定義域 X 全体を動くときの像 $f(x)$ の全体

$$\{ f(x) \mid x \in X \}$$

は Y の部分集合である。これを写像 f の**値域**という。

例 2.2.2

　$f(x) = x^2$ で与えられる $X = \mathbb{R}$ から $Y = \mathbb{R}$ への写像（関数）を考える。x が $\mathbb{R}$ 全体を動くとき，$f(x)$ は0以上の実数をくまなく動く。すなわち，関数 f の値域は0以上の実数全体 $\{ y \in \mathbb{R} \mid y \geqq 0 \}$ である。

集合 X から集合 Y への 2 つの写像 $f : X \to Y$ と $g : X \to Y$ が与えられたとき，それらが写像として**等しい**（$f = g$ と書く）とは，定義域 X のすべての要素 x について $f(x) = g(x)$ が成り立つことである。

$f : X \to Y$ を写像とする。X の部分集合 $S \subset X$ について，x が S を動くときの，その像の全体 $\{ f(x) \mid x \in X \}$ を，写像 f による S の**像**といい，しばしば $f(S)$ と書く。

$$f(S) = \{ f(x) \mid x \in S \}$$

これらもまた，f の終域 Y の部分集合である。例えば，$f(X)$ とは f の値域のことである。

Y の部分集合 $T \subset Y$ について，$f(x)$ が T に入るような x の全体 $\{ x \in X \mid f(x) \in T \}$ を，写像 f による T の**逆像**といい，しばしば $f^{-1}(T)$ と書く。

$$f^{-1}(T) = \{ x \in X \mid f(x) \in T \}$$

注意 2.2.3

逆像の記号 $f^{-1}(T)$ における f^{-1} は，逆関数や，後述する逆写像の記号と同じであるが，逆像 $f^{-1}(T)$ の意味は，逆写像 f^{-1} という写像があって，それによる T の像という意味ではないので注意が必要である。実際，一般に，写像 f には逆写像 f^{-1} が存在するとは限らない。

例 2.2.4（恒等写像）

X を集合とする。このとき，次のような写像が定まる。

$$X \longrightarrow X, \quad x \longmapsto x$$

これを**恒等写像**という。X の恒等写像を id_X（または簡単に id）と書く。

「id」という記号は恒等写像を表す identity map という言葉から来ている。

写像 $f : X \to Y$ と写像 $g : Y \to Z$ が与えられたとき，すなわち，一方の終

域が他方の定義域に一致しているとき，**合成**

$$g \circ f : X \longrightarrow Z$$

という写像が，

$$(g \circ f)(x) = g(f(x))$$

によって定義できる。すなわち，合成写像 $g \circ f$ とは，まず，写像 f で X の要素を Y の要素に写し，それに続けて，写像 g でそれを Z の要素に写すという写像である。

演習問題 3-5 写像 $f : X \to Y$ について，次を示せ。

(1) $f \circ \mathrm{id}_X = f$
(2) $\mathrm{id}_Y \circ f = f$

写像 $f : X \to Y$ が次を満たすとき，写像 f は**単射**，あるいは**1 対 1 の写像**であるという。

● 任意の $x, x' \in X$ について，$x \neq x'$ ならば $f(x) \neq f(x')$

すなわち，写像 f が単射であるとは，X の相異なる要素の像が，必ず相異なっているということ，つまり，同じ $y \in Y$ に複数の X の要素が写されることはないということである。上の条件は，次の形（対偶）にも書ける。

● 任意の $x, x' \in X$ について，$f(x) = f(x')$ ならば $x = x'$

演習問題 3-6 写像 $f : X \to Y$ が単射であるための必要十分条件は，任意の $y \in Y$ に対して，逆像 $f^{-1}(\{y\})$ が空集合であるか，1 点だけからなる集合になっていることであることを示せ。

写像 $f : X \to Y$ が次を満たすとき，写像 f は**全射**，あるいは**上への写像**で

あるという。

●任意の $y \in Y$ について，$y = f(x)$ となる $x \in X$ が存在する

すなわち，写像 f が全射であるとは，Y のどんな要素も，X のなんらかの要素の像となっているということ，すなわち，f の値域と終域が一致すること（$f(X) = Y$）である。

演習問題 3-7 写像 $f : X \to Y$ が全射であるための必要十分条件は，任意の $y \in Y$ に対して，逆像 $f^{-1}(\{y\})$ が空集合ではないことであることを示せ。

写像 f が単射かつ全射であるとき，写像 f は**全単射**であるという。

定義 2.2.5（逆写像）

$f : X \to Y$ と $g : Y \to X$ を写像とする。次の条件が満たされるとき，g は f の**逆写像**であるという。

$$g \circ f = \mathrm{id}_X \quad \text{かつ} \quad f \circ g = \mathrm{id}_Y$$

演習問題 3-8 写像 $g : Y \to X$ が写像 $f : X \to Y$ の逆写像であるとき，f は g の逆写像であることを示せ。

逆写像は，常に存在するとは限らないが，存在するなら一意的である。実際，$g : Y \to X$ と $h : Y \to X$ が，ともに $f : X \to Y$ の逆写像であったとしよう。このとき，任意の $y \in Y$ について

$$h(y) = (\mathrm{id}_X \circ h)(y) \overset{(*)}{=} ((g \circ f) \circ h)(y) = (g \circ (f \circ h))(y) \overset{(**)}{=} (g \circ \mathrm{id}_Y)(y) = g(y)$$

となる。ここで等号 $(*)$ は g が f の逆写像であることを，等号 $(**)$ は h が f の逆写像であることを使っている。こうして，任意の $y \in Y$ について

$g(y) = h(y)$ となるので，$g = h$ である。

写像 $f : X \to Y$ の逆写像は，存在するなら唯一であるので，それを

$$f^{-1} : Y \longrightarrow X$$

と書く。

命題 2.2.6（逆写像の存在条件）

写像 $f : X \to Y$ が逆写像をもつための必要十分条件は，f が全単射であることである。

証明 $f : X \to Y$ が全単射であるとする。このとき，任意の $y \in Y$ に対して，$f(x) = y$ となる $x \in X$ は，少なくとも 1 つ存在し（演習問題 3-7），しかも 1 つしか存在しない（演習問題 3-6）。よって，y に対してこのような x を対応させることで，写像 $g : Y \to X$ を定めることができる。このとき，$f(x) = y$ と $g(y) = x$ が同値なので，g は f の逆写像である。

逆に，f が逆写像 $g : Y \to X$ をもつとする。このとき，任意の x, $x' \in X$ について，$f(x) = f(x')$ とすると，$g \circ f = \mathrm{id}_X$ なので，

$$x' = \mathrm{id}_X(x') = g(f(x')) = g(f(x)) = \mathrm{id}_X(x) = x$$

となり，$x = x'$ が導かれる。すなわち，f は単射である。また，任意の $y \in Y$ について，$x = g(y)$ とすると，$f \circ g = \mathrm{id}_Y$ なので，

$$f(x) = f(g(y)) = \mathrm{id}_Y(y) = y$$

となる。よって，f は全射である。 □

2.3 体の自己同型

K を体とする。体 K の**自己同型**とは，1 対 1（単射）かつ上への（全射）写像（すなわち全単射）

$$\varphi : K \longrightarrow K, \quad a \longmapsto \varphi(a)$$

で，四則演算を保つもの，つまり，次の条件を満たすものである。

(a) $\varphi(0) = 0$

(b) $\varphi(a + b) = \varphi(a) + \varphi(b)$

(c) $\varphi(a - b) = \varphi(a) - \varphi(b)$

(d) $\varphi(1) = 1$

(e) $\varphi(ab) = \varphi(a)\varphi(b)$

(f) $\varphi\left(\dfrac{a}{b}\right) = \dfrac{\varphi(a)}{\varphi(b)}$ $(b \neq 0)$

「四則演算を保つ」ということを強調するために，ここでは四則（たし算・ひき算・かけ算・0 でない数による割り算）すべての条件を列挙したが，実はここまで書き出す必要はない。いくつかの条件は，他の条件から出てくる。

例えば，条件 (c) で $a = b = 0$ の場合を考えれば

$$\varphi(0 - 0) = \varphi(0) - \varphi(0) = 0$$

となり，条件 (a) が出てくる。また，条件 (c) は条件 (b) から次のようにして導き出すことができる。条件 (b) から，

$$\varphi(a) = \varphi((a - b) + b) = \varphi(a - b) + \varphi(b)$$

となるので，移項して $\varphi(a - b) = \varphi(a) - \varphi(b)$ となる。以上より，実は条件 (a)，(b)，(c) は，条件 (b) だけから従う。

例題 2.3.1

条件 (d) と条件 (e) から条件 (f) が導かれることを示せ。

解 $b \neq 0$ のとき，$1 = \varphi(1) = \varphi(b \cdot b^{-1}) = \varphi(b)\varphi(b^{-1})$ であり，特に $\varphi(b) \neq 0$ がわかるので，両辺を $\varphi(b)$ で割って $\varphi(b^{-1}) = \varphi(b)^{-1}$ がわかる。あとは任意の

a について $\varphi(a/b) = \varphi(a \cdot b^{-1}) = \varphi(a)\varphi(b^{-1}) = \varphi(a)\varphi(b)^{-1}$ となり，(f) が導かれた。 □

以上より，体 K の自己同型の定義は，次で与えることができる。

定義 2.3.2（体の自己同型）

体 K の**自己同型**とは，K から自分自身への全単射

$$\varphi : K \longrightarrow K, \quad a \longmapsto \varphi(a)$$

で，次の条件を満たすものである。
(a) $\varphi(a+b) = \varphi(a) + \varphi(b)$ $(a, b \in K)$
(b) $\varphi(ab) = \varphi(a)\varphi(b)$ $(a, b \in K)$
(c) $\varphi(1) = 1$

注意 2.3.3

φ が K の自己同型とすると，φ は全単射なので，逆写像 φ^{-1} が存在する（命題 2.2.6）。このとき φ^{-1} もまた K の自己同型になっている（すなわち，定義 2.3.2 の条件 (a), (b), (c) を満たす）。実際，a, $b \in K$ について，$a' = \varphi^{-1}(a)$，$b' = \varphi^{-1}(b)$ とすると，
[1] $\varphi(a' + b') = \varphi(a') + \varphi(b') = a + b$ なので
$\varphi^{-1}(a+b) = a' + b' = \varphi^{-1}(a) + \varphi^{-1}(b)$ となり，φ^{-1} は (a) を満たす。
[2] $\varphi(a'b') = \varphi(a')\varphi(b') = ab$ なので
$\varphi^{-1}(ab) = a'b' = \varphi^{-1}(a)\varphi^{-1}(b)$ となり，φ^{-1} は (b) を満たす。
[3] $\varphi(1) = 1$ より $\varphi^{-1}(1) = 1$ なので，φ^{-1} は (c) を満たす。

例題 2.3.4

体 $\mathbb{Q}$ の自己同型は恒等写像しかないことを示せ。

解 $\varphi : \mathbb{Q} \to \mathbb{Q}$ を体の自己同型とする。$\varphi(1) = 1$ なので,
$\varphi(2) = \varphi(1) + \varphi(1) = 1 + 1 = 2$, $\varphi(3) = \varphi(2+1) = \varphi(2) + \varphi(1) = 2 + 1 = 3$ などとなり,帰納的にすべての自然数 n について $\varphi(n) = n$ がわかる。また,$\varphi(-1) = \varphi(0-1) = \varphi(0) - \varphi(1) = 0 - 1 = -1$ なので,同様に考えれば,任意の整数 n についても $\varphi(n) = n$ がわかる。$\mathbb{Q}$ の任意の要素は $\dfrac{n}{m}$ (m, $n \in \mathbb{Z}$, $m \neq 0$) の形であるが,

$$\varphi\left(\frac{n}{m}\right) = \frac{\varphi(n)}{\varphi(m)} = \frac{n}{m}$$

である。よって,φ は任意の $a \in \mathbb{Q}$ を $\varphi(a) = a$ に写す。つまり,φ は恒等写像である。 □

定義 2.3.5（体の自己同型群）

体 K の自己同型全体を K の**自己同型群**といい

$$\mathrm{Aut}(K) \quad または \quad \mathrm{Aut}(K/\mathbb{Q})$$

と書く。

「Aut」という記号は自己同型を表す automorphism から来ている。

例題 2.3.4 は,有理数体 $\mathbb{Q}$ の体としての自己同型群が,恒等写像 $\mathrm{id}_{\mathbb{Q}}$ だけからなる群 $\mathrm{Aut}(\mathbb{Q}) = \{\mathrm{id}_{\mathbb{Q}}\}$ であることを示している。

例題 2.3.6

体 $\mathbb{Q}(\sqrt{2})$ の自己同型群 $\mathrm{Aut}(\mathbb{Q}(\sqrt{2})/\mathbb{Q})$ を計算せよ。

解 $\varphi \in G = \mathrm{Aut}(\mathbb{Q}(\sqrt{2}))$ とする。例題 2.3.4 が示すように,φ は $\mathbb{Q}$ の任意の要素は自分自身に写す。ところで,$\mathbb{Q}(\sqrt{2})$ の任意の要素は

$$a + b\sqrt{2} \quad (a,\ b \in \mathbb{Q})$$

の形に（一意的に）書ける。

$$\varphi(a+b\sqrt{2}) = \varphi(a) + \varphi(b)\varphi(\sqrt{2}) = a + b\varphi(\sqrt{2})$$

なので，φ は $\sqrt{2}$ の行き先 $\varphi(\sqrt{2})$ の値だけで決まる。そこで $\alpha = \varphi(\sqrt{2})$ とする。このとき，

$$\alpha^2 = \varphi(\sqrt{2})^2 = \varphi(\sqrt{2}^2) = \varphi(2) = 2$$

なので，$\alpha = \pm\sqrt{2}$ である。

[1] $\alpha = \sqrt{2}$ のとき，$\varphi(a+b\sqrt{2}) = a+b\sqrt{2}$ なので，φ は恒等写像 id である。
[2] $\alpha = -\sqrt{2}$ のとき，$\varphi(a+b\sqrt{2}) = a-b\sqrt{2}$ という写像になる。これを σ とする。

以上より，

$$\mathrm{Aut}(\mathbb{Q}(\sqrt{2})) = \{\mathrm{id},\ \sigma\}$$

（「位数 2 の巡回群[※4]」と呼ばれる群である）。　　　　　　　　　　　□

2.4　ガロア群のフォーマルな定義

この章の目標だった $\mathbb{Q}$ 上の代数方程式のガロア群のフォーマルな定義は，以下で与えられる。

定義 2.4.1（方程式のガロア群）

$\mathbb{Q}$ 上の n 次代数方程式 $f(x) = 0$ の $\mathbb{Q}$ 上のガロア群 $\mathrm{Gal}(f/\mathbb{Q})$ とは，$f(x)$ の最小分解体 K の自己同型群 $\mathrm{Aut}(K/\mathbb{Q})$ のことである。

この定義と，先に述べたインフォーマルな定義（定義 1.2.1）との関係について述べよう。実は，2 つの定義は本質的に同じことを述べているのである。

まず，次の補題を示そう。

※4　第 4 章 1.2 節を参照。

補題 2.4.2

$K/\mathbb{Q}$ を任意の拡大とし，$f(x)$ を $\mathbb{Q}$ 上の多項式とする。このとき，任意の $\varphi \in \mathrm{Aut}(K)$ および任意の $\alpha \in K$ について

$$f(\varphi(\alpha)) = \varphi(f(\alpha))$$

が成り立つ。

証明 $f(x) = a_0 + a_1 x + a_2 x^2 + \cdots + a_n x^n \ (a_0, a_1, \cdots, a_n \in \mathbb{Q})$ とする。

$\varphi(f(\alpha))$ を計算しよう。自己同型の定義（定義 2.3.2）の条件(a)から，φ はたし算を保つので

$$\begin{aligned}
\varphi(f(\alpha)) &= \varphi(a_0 + a_1\alpha + a_2\alpha^2 + \cdots + a_n\alpha^n) \\
&= \varphi(a_0) + \varphi(a_1\alpha) + \varphi(a_2\alpha^2) + \cdots + \varphi(a_n\alpha^n)
\end{aligned}$$

となるが，自己同型の定義（定義 2.3.2）の条件(b)から，φ はかけ算を保つので

$$(与式) = \varphi(a_0) + \varphi(a_1)\varphi(\alpha) + \varphi(a_2)\varphi(\alpha)^2 + \cdots + \varphi(a_n)\varphi(\alpha)^n$$

しかし，例題 2.3.4 で見たように，φ は $\mathbb{Q}$ の要素をそのままそれ自身に写すので

$$(与式) = a_0 + a_1\varphi(\alpha) + a_2\varphi(\alpha)^2 + \cdots + a_n\varphi(\alpha)^n$$

この右辺は $f(\varphi(\alpha))$ に他ならない。 □

さて，$\alpha \in K$ が $f(x) = 0$ の解であるとき，上の補題から

$$f(\varphi(\alpha)) = \varphi(f(\alpha)) = \varphi(0) = 0$$

なので，$\varphi(\alpha)$ も $f(x) = 0$ の解である。つまり，任意の $\varphi \in \mathrm{Gal}(f/\mathbb{Q})$ は $f(x) = 0$ の解を $f(x)$ の解に写している。しかも，φ は単射なので，これは

$f(x) = 0$ の解を入れかえている，つまり解全体の置換を引き起こしていることになる。また，φ が体の自己同型であるという条件は，これが「四則演算と整合的である」ということに他ならない。よって，定義 2.4.1 でのガロア群の定義は，インフォーマルな定義（定義 1.2.1）と同じことを述べている。

―例 2.4.3―――――――――――

$q(x) = x^4 - 4x^2 + 1$ の $\mathbb{Q}$ 上 の ガ ロ ア 群 は，そ の 最 小 分 解 体 $K = \mathbb{Q}\,(\sqrt{2-\sqrt{3}}\,,\,\sqrt{2+\sqrt{3}}\,)$ の自己同型群である。K の自己同型 φ は，

$$\alpha_1 = \sqrt{2-\sqrt{3}}\,,\ \alpha_2 = \sqrt{2+\sqrt{3}}\,,\ \alpha_3 = -\sqrt{2-\sqrt{3}}\,,\ \alpha_4 = -\sqrt{2+\sqrt{3}}$$

の置換で，四則演算と整合的なものを引き起こす。よって，ガロア群 $\mathrm{Gal}(q/\mathbb{Q})$ は 1.3 節で計算したものに一致する。

第4章　群論（1）

1　群

　我々はすでに前章で，方程式のガロア群という群の例を（直観的に）見てきた。この章と次の章で，群に関する一般論（群論）についてまとめよう。

　群論を学ぶ順序には，大きく分けて，実際的な例から入るやり方と，いきなり定義から入るやり方とがある。たいていの場合，いきなり抽象的な定義から入るよりも，しばらくは実例で遊んで群についての実感を身につけてからの方が望ましいとされる。もちろん，そればかりが最良の方法とは限らない。ある意味では，いきなり最初から本質をやってしまって，それから実際的な群の例でたくさん遊ぶというのもひとつの手である。今回はすでに前章までで，群の最初の例を見てきたわけなので，ここでは定義から入る方法をとることにしよう。

1.1　群の定義

　群とはつまるところ集合なのであるが，ただの集合ではない。それは二項演算という構造が入った集合である。つまり，2つの要素 a, b に対して，第三の要素 ab というものが定まる規則が与えられているということが重要である。

┌─**定義 1.1.1（群）**─────────────────

　集合 G に演算（**二項演算**という）

$$a, b \in G \quad \rightsquigarrow \quad ab \in G$$

　が定義されていて，次の3条件を満たすとき，G は**群**であるという。

　(a) 任意の $a, b, c \in G$ について $(ab)c = a(bc)$（結合法則）

　(b) 任意の $a \in G$ について $ae = ea = a$ となる $e \in G$（**単位元**という）

75

が存在する。

(c) 任意の $a \in G$ について $ab = ba = e$ となる $b \in G$（a の**逆元**という）が存在する。

　ここでは，a と b の演算の結果を「ab」のように，かけ算のような記号で書いたので，これはかけ算なのかと思われる人もいるかもしれない。しかし，ここで言われている規則 $a, b \to ab$ は，それが具体的にはどのような演算なのかということは，さしあたっては何も決めない。だから，それは場合によってはかけ算だったりたし算だったり，あるいはそれらとはまったく異なる種類の演算かもしれない。ただ単に，2 つの要素 a, b から第三の要素が決まるという規則が与えられている，そしてその第三の要素は a と b から決まるのだから，それを簡単に ab と書いている[※1] というだけである。その規則は，さしあたっては具体的には決めないが，何か与えられているということだ。ここに，議論が抽象的だと言われる最初の理由がある。それは初めての人にはわかりにくいことかもしれないが，慣れてしまえば非常に強力な議論のやり方である。抽象的だからこそ，いろいろな具体的な場合に応用できるからだ。

　また，集合 G に二項演算 $a, b \to ab$ が定められたからといって，それですぐに群になったというわけではない。具体的には，そのデータが上の定義の条件 (a)，(b)，(c) を満たさなければならないということだ。

　条件 (a) は**結合法則**と呼ばれる条件である。これは a, b から決まる第三の要素 ab を，さらに c と演算することで得られる $(ab)c$ が，a と b, c から決まる第三の要素 bc とを演算した $a(bc)$ に等しいというものだ。これは「演算の順序」[※2] を入れ換えてもよいということである。つまり，ここでは a と b の間の演算というものと，b と c の間の演算という 2 つの演算があるわけだが，その順序はどうでもよい，どちらから計算しても結果は同じになるという意味である。

　だから，直観的にわかることであるが，この条件があると，演算の個数は何個でも同じようにその順序によらないことがわかる。例えば，a, b, c, d に対

※1　正確には，a と b だけではなく，その順序にも依存している。つまり，ab と ba は等しいとは限らない。
※2　「要素の順序」ではない，つまり，ab と ba の区別の話ではないことに注意。

しては

$$((ab)c)d, \quad (ab)(cd), \quad (a(bc))d, \quad a((bc)d), \quad a(b(cd)) \qquad (*)$$

などといった計算の方法がある。最初のものは「a と b から ab を作って，それに c を（右から）ぶつけて $(ab)c$ を作って，最後に d を（右から）ぶつける」という順序で計算したものだ。そして，条件(a)があれば，これらのものはすべて等しくなる。例えば，条件(a)の a を ab に，b を c に，c を d に読み換えて書いてみると

$$((ab)c)d = (ab)(cd)$$

となり，これは上の($*$)の最初の2つが等しいことを意味している。また，条件(a)の a を a に，b を b に，c を cd に読み換えると

$$(ab)(cd) = a(b(cd))$$

となる。このようなことをいろいろ計算すれば，($*$)に書き出されたすべてが相等しいことが理解されるだろう。

演習問題 4-1 結合法則（定義 1.1.1 の条件 (a)）を何回か使って，($*$)に書き出されたすべてが相等しいことを確かめよ。

　以上のことは，要素の個数が何個でも同様である。n 個の要素 $a_1, a_2, \cdots, a_n \in G$ についても，要素が書かれる順序さえ変えなければ，そこで行う演算（全部で $n-1$ 個ある）はどこからどういう順番で計算しても，結合法則さえ満たしていれば結果は同じである。したがって，演算の順序を書かずに，これらを単に

$$a_1 a_2 \cdots a_n$$

と書いてしまうことが許される。我々が普段計算している，普通の数のたし算やかけ算も，それらが結合法則を満たすので，

$$1+2+\cdots+100$$

などという書き方をしても，何も不都合が生じないわけだ。もし，これが計算の順序まで気にしなければならないとなったら，膨大な計算順序の組み合わせのどれかひとつを間違いなく指定できる書き方をしなければならないので，大変なことになる。結合法則は，一見地味な条件であるが，実は非常に重要な条件なのである。それは，ここで与えられている抽象的な演算が，普通の数のたし算やかけ算などと同じように計算できるということを保証しているのだ。

　条件(b)は，この演算に関して「中立元」とか「単位元」とか呼ばれているものが存在するということを保証するものである。単位元とは，それを右からだろうが左からだろうが，どんな要素にぶつけても，それを変えないというものだ。

注意 1.1.2（単位元の一意性）

単位元 e はひとつしかない。実際，e, e' が G の単位元なら，

$$e' \overset{(1)}{=} e'e \overset{(2)}{=} e$$

ここで，最初の等式(1)は e が単位元であるという条件（e' に単位元 e を右からぶつけても，結果は e' で変わらない）からわかり，次の等式(2)は e' が単位元であるという条件（e に単位元 e' を左からぶつけても，結果は e で変わらない）からわかる。

　条件(c)は，任意の要素 a に対して，それに右からでも左からでもぶつければ単位元 e になってしまうというもの，つまり「逆元」と呼ばれるものが存在するというものだ。

注意 1.1.3（逆元の一意性）

また，任意の $a \in G$ について，a の逆元はひとつしかない。実際，b, b' が a の逆元なら

$$b' \overset{(1)}{=} b'e \overset{(2)}{=} b'(ab) \overset{(3)}{=} (b'a)b \overset{(4)}{=} eb \overset{(5)}{=} b$$

ここで最初の等式(1)は e が単位元であること，(2)は b が a の逆元であること，(3)は結合法則，(4)は b' が a の逆元であること，最後に(5)は e が単位元であることから，それぞれわかる。

─── 記号 1.1.4（逆元の記号）───

群 G の要素 a について，その逆元を以後 a^{-1} と書くことにする（ひとつに決まるのだから，このように書いても，不都合は起こらない）。また，$(a^{-1})^2$ は a^{-2}，$(a^{-1})^3$ は a^{-3} などとも書く。つまり，a^{-n} と書いたら，これは a の逆元 a^{-1} の n 乗のことである。

演習問題 4-2 a^{-n} は a^n の逆元であることを示せ。

─── 例題 1.1.5 ───

$a, b \in G$ について，ab の逆元は $b^{-1}a^{-1}$ であることを示せ。

解 $(ab)(b^{-1}a^{-1})$ を計算する。結合法則について上で述べた考察から，要素が書かれる順番を変えなければ，演算の順序はどのように計算しても結果は等しかった。つまり，カッコの場所は気にしなくてよかった。よって，$(ab)(b^{-1}a^{-1}) = a(bb^{-1})a^{-1} = aea^{-1} = aa^{-1} = e$ となる。また，同様に $(b^{-1}a^{-1})(ab) = b^{-1}eb = b^{-1}b = e$ となる。よって，$b^{-1}a^{-1}$ は ab に対して条件(c)の式を満たす。よって（逆元の唯一性より）$(ab)^{-1} = b^{-1}a^{-1}$ である。　　　□

─── 注意 1.1.6（単位元の記号）───

単位元 e は，文脈に応じて 1 や 0 や他の記号で書かれることもある。単に記号の問題である。

1.2 さまざまな群

群に現れる二項演算 $a, b \to ab$ は結合法則を満たすので，その演算が複数ある場合，どの演算からどのような順番で計算するかによって結果が異なることはない。つまり，群の演算においては「演算の順序」はどのようにしてもよい。しかし，「要素の順序」は区別している。すなわち，ab と ba は一般に等しいわけではない。これらが常に等しいというのは，新たな条件として考えるべきものである。

定義 1.2.1（アーベル群）

群 G がさらに
(d) $a, b \in G$ について $ab = ba$
を満たすとき，G は**可換群**あるいは**アーベル群**であるという。

ここで，いろいろな群の例について考えよう。

例 1.2.2（群の例）

(1) 整数全体 $\mathbb{Z}$ はたし算 $+$ によってアーベル群になる。有理数全体 $\mathbb{Q}$ や実数全体 $\mathbb{R}$，複素数全体 $\mathbb{C}$ も同様。これらの群においては，単位元は 0 であり，a の逆元は $-a$ である。

(2) 0 でない有理数全体 $\mathbb{Q}^{\times} = \mathbb{Q} \setminus \{0\}$ [※3] はかけ算・によってアーベル群になる。0 でない実数全体 $\mathbb{R}^{\times} = \mathbb{R} \setminus \{0\}$ や，0 でない複素数全体 $\mathbb{C}^{\times} = \mathbb{C} \setminus \{0\}$ も同様。これらの群においては，単位元は 1 であり，a の逆元は $a^{-1} = 1/a$ である。

(3) 次節で見るように，$n \geq 1$ について，n 個の文字 $1, 2, \cdots, n$ の置換全体は，置換の合成（＝続けて行う）によって群になる。この群を **n 次対称群**と呼び，

$$S_n$$

※3 集合 A, B について，A\B は集合の差，すなわち「B に属さない A の要素からなる集合」を表す。

で表す。$n \geqq 3$ のとき，S_n は可換ではない群である。

次の形の群は，以後，重要になってくる。

定義 1.2.3（巡回群）

群 G が，そのひとつの要素 $g \in G$ によって

$$G = \{g^n \mid n \in \mathbb{Z}\}$$

となり，G のすべての要素が

$$\cdots, g^{-3}, g^{-2}, g^{-1}, e, g, g^2, g^3, \cdots$$

となっているとき，G は**巡回群**であるという。また，g は G の**生成元**であるという。

例えば，整数全体 $\mathbb{Z}$ がたし算でなす群は巡回群である。その要素の全体は

$$\cdots, -3, -2, -1, 0, 1, 2, 3, \cdots$$

となるので，1 がその生成元である。また，-1 も生成元である。

一般に，指数法則 $a^{n+m} = a^n a^m$ が成り立つので，$a^n a^m = a^m a^n$ である。よって，巡回群はアーベル群である。

例 1.2.4（剰余の数）

n を 2 以上の整数とする。整数を n で割った余りだけに注目して整数を分類すると，整数は n 個の**剰余類**に類別される。$m = 0, 1, \cdots,$ $n-1$ に対して，n で割った余りが m である整数の全体はひとつの剰余類をなし，これを

$$\overline{m}$$

と書く。こうすると，整数の全体は，n 個の剰余類

$$0, \overline{1}, \cdots, \overline{n-1} \qquad (*)$$

に類別されるわけだ。例えば，$\overline{0}$ は「n で割り切れる整数全体」であり，$\overline{1}$ は「n で割って 1 余る整数全体」という具合である。一般の整数 m に対しても，m を n で割った余りの剰余類も $\overline{m}$ と書くと便利だ。例えば，$n=5$ のとき，$\overline{1}=\overline{6}=\overline{-4}$ などとなる。

ここでは詳細は省略する（第 5 章 3.1 節で後述する）が，これらの n 個の剰余類の全体は

$$\overline{a}+\overline{b}=\overline{a+b}$$

という規則で群になる。これを記号で

$$\mathbb{Z}/n\mathbb{Z}$$

と書く。この群の要素の全体は（*）で与えられ，これはすべて $\overline{1}$ を何回かたして作ることができる。よって，$\mathbb{Z}/n\mathbb{Z}$ も巡回群であり，$\overline{1}$ はその生成元である。

$\mathbb{Z}/n\mathbb{Z}$ のように，要素の個数が有限個である群を**有限群**と呼び，その要素の個数を**位数**と呼ぶ。例えば，$\mathbb{Z}/n\mathbb{Z}$ は位数 n の有限群である。有限群でない群は**無限群**と呼ばれる。例えば，整数全体 $\mathbb{Z}$ は無限群である。

例 1.2.5（直積群）

2 つの群 G，G' があるとき，その直積集合

$$G \times G' = \{(a, a') \mid a \in G, \ a' \in G'\}$$

というものを考える。これは G の要素と G' の要素を，この順番にならべて作った形式的な記号 (a, a')（**順序対**という）の全体である。（順序対は座標のようなものだと思ってもらってもよい。いずれにしても，形式的な記号だと思って，おおらかに理解してほしい。）(a, a')，$(b, b') \in G \times G'$ に対して，$(a, a')(b, b')$ を

$$(a, a')(b, b') = (ab, a'b')$$

で定める。こうすると，$G \times G'$ に二項演算が入り，これによって $G \times G'$ は群になる。$G \times G'$ の単位元は (e, e')（e は G の，e' は G' の単位元）である。また，$(a, a') \in G \times G'$ の逆元は (a^{-1}, a'^{-1}) である。

例えば，

$$\mathbb{Z}/2\mathbb{Z} \times \mathbb{Z}/2\mathbb{Z} = \{(\overline{0}, \overline{0}), (\overline{0}, \overline{1}), (\overline{1}, \overline{0}), (\overline{1}, \overline{1})\}$$

であり，$(\overline{0}, \overline{0})$ が単位元で，その演算は

$$(\overline{0}, \overline{1}) + (\overline{1}, \overline{0}) = (\overline{1}, \overline{1})$$

などとなる。（この群 $\mathbb{Z}/2\mathbb{Z} \times \mathbb{Z}/2\mathbb{Z}$ は**クラインの四元群**と呼ばれている群である。）

次の定理は**有限アーベル群の基本定理**と呼ばれるものである。ここではその証明は省略するが，代数学の入門的な本[※4]を参照してほしい。

―**定理 1.2.6（有限アーベル群の基本定理）**――――――――

任意の有限アーベル群 G は，有限個の巡回群の直積に分解する。

$$G \cong C_1 \times C_2 \times \cdots \times C_r$$

ここで各 C_j は有限巡回群である。

ここで定理の式に現れた「$\cong$」という記号は，右辺と左辺が**同型である**，すなわち群構造上からは同じとみなせることを意味している。同型の概念については，次章の第1.1節で詳しく述べる。

―――――――――――――――――――――――――――――

※4 例えば，堀田良之『代数入門：群と加群（数学シリーズ）』（裳華房）p.75 など。

2 対称群（1）

　群の例の重要なもののひとつとして**対称群**がある。対称群とは「文字の入れ換え」のなす群である。この群は，群という概念の本質を理解する上で，もっとも大事な例のひとつであるだけでなく，ガロア理論における群，すなわち根の置換群としてのガロア群の概念の本質でもある。ここでは対称群にまつわる用語や記号の使い方の整理をしながら，その基本的な事項についてまとめる。

2.1　n 個の文字の置換

　n 個の文字

$$1, 2, \cdots, n$$

をそれ自身の上に写す**置換**を考える。ここで，1 の行き先を $1, 2, \cdots, n$ のどれかに，2 の行き先を残りのうちのどれかに，3 の行き先を残りのうちのどれかに…というようにして，$1, 2, \cdots, n$ のそれぞれを $1, 2, \cdots, n$ に 1 対 1 に過不足なく写すことを置換という。

　言い換えれば，$1, 2, \cdots, n$ の置換とは，$12 \cdots n$ を，その任意の**順列** $i_1 i_2 \cdots i_n$ に写すことである。

　例えば，記号

$$\sigma = \begin{pmatrix} 1 & 2 & 3 & 4 & 5 \\ 3 & 5 & 2 & 4 & 1 \end{pmatrix}$$

は

$$\sigma : \begin{cases} 1 \mapsto 3 \\ 2 \mapsto 5 \\ 3 \mapsto 2 \\ 4 \mapsto 4 \\ 5 \mapsto 1 \end{cases}$$

という置換，すなわち

- 1 を 3 に写し
- 2 を 5 に写し
- 3 を 2 に写し
- 4 を 4 に写し
- 5 を 1 に写す

ことで，順列 12345 を順列 35241 に置換する置換である。

一般に n 個（$n \geqq 1$）の文字 $k = 1, 2, \cdots, n$ を $\sigma(k)$ に写す置換，すなわち，

$$\sigma : \begin{cases} 1 \mapsto \sigma(1) \\ 2 \mapsto \sigma(2) \\ \cdots \\ n \mapsto \sigma(n) \end{cases}$$

という置換は

$$\sigma = \begin{pmatrix} 1 & 2 & \cdots & n \\ \sigma(1) & \sigma(2) & \cdots & \sigma(n) \end{pmatrix}$$

という記号で表される。

> **注意 2.1.1（置換の総数）**
>
> n 個の文字の置換は，n 個の文字の順列と 1 対 1 に対応している。よって，その総数は $n!$ 個である。

n 個の文字の置換全体は S_n で表される。これは $n!$ 個の要素からなる集合である。

演習問題 4-3 S_3 の要素をすべて書き出せ。

2.2 置換の合成

n 個の文字の置換全体 S_n は群になるが，そのためには，集合 S_n に二項演算

が入らなければならない。つまり，置換 σ と置換 τ から，第三の置換が決まる規則が定まっている必要がある。S_n の場合，これは単に「（置換を）続けて行う」ということである。

　置換

$$\sigma = \begin{pmatrix} 1 & 2 & 3 & 4 & 5 \\ 3 & 5 & 2 & 4 & 1 \end{pmatrix}$$

をしてから，置換

$$\tau = \begin{pmatrix} 1 & 2 & 3 & 4 & 5 \\ 4 & 2 & 3 & 5 & 1 \end{pmatrix}$$

を続けて行うと，新しい置換

$$\tau \circ \sigma = \begin{pmatrix} 1 & 2 & 3 & 4 & 5 \\ 3 & 1 & 2 & 5 & 4 \end{pmatrix}$$

ができる。

　一般に n 個の文字の置換 σ をしてから，同じ n 個の置換 τ を続けて行うことで得られる置換を σ と τ の**合成**という。$\tau \circ \sigma$ はしばしば $\tau\sigma$ とも書かれる。

注意 2.2.1（合成の順番）

　置換 σ を最初に行って，その後に置換 τ を行うことで得られる置換は

$$\tau\sigma$$

と書かれるが，このように置換の合成を読む場合，右から左への順番で読むことに注意せよ。（この点は，本によっては逆に書く流儀もあるので，その都度注意するべきである。）

　一般に

$$\tau\sigma \neq \sigma\tau$$

である。つまり「σ してから τ する」という操作と「τ してから σ する」という操作は，n 個の文字の置換として一般には等しくない。このことからも，書き方の順序は大事であることがわかる。

上の例で $\sigma\tau$ を計算せよ。

2.3 恒等置換と逆置換

$$e = \begin{pmatrix} 1 & 2 & 3 & 4 & 5 \\ 1 & 2 & 3 & 4 & 5 \end{pmatrix}$$

のように，各文字をそれ自身に写す置換を**恒等置換**という。

一般に，n 個の文字の置換 σ に対して，

$$\sigma\tau = \tau\sigma = e$$

を満たす置換 τ がただひとつ決まる。これを σ の**逆置換**と呼び，σ^{-1} で表す。

─ 例題 2.3.1 ─

$\sigma = \begin{pmatrix} 1 & 2 & 3 & 4 & 5 \\ 3 & 5 & 2 & 4 & 1 \end{pmatrix}$ の逆置換 σ^{-1} を計算せよ。

解 σ は

$$1 \mapsto 3, \quad 2 \mapsto 5, \quad 3 \mapsto 2, \quad 4 \mapsto 4, \quad 5 \mapsto 1$$

と写すので，σ^{-1} は

$$3 \mapsto 1, \quad 5 \mapsto 2, \quad 2 \mapsto 3, \quad 4 \mapsto 4, \quad 1 \mapsto 5$$

つまり，

$$1 \mapsto 5, \quad 2 \mapsto 3, \quad 3 \mapsto 1, \quad 4 \mapsto 4, \quad 5 \mapsto 2$$

とならなければならない。よって $\sigma^{-1} = \begin{pmatrix} 1 & 2 & 3 & 4 & 5 \\ 5 & 3 & 1 & 4 & 2 \end{pmatrix}$ である。　　　□

演習問題 4-5 $\tau = \begin{pmatrix} 1 & 2 & 3 & 4 & 5 \\ 4 & 2 & 3 & 5 & 1 \end{pmatrix}$ の逆置換 τ^{-1} を計算せよ。

　以上見てきたことから，n 個の文字の置換全体 S_n は，置換の合成によって群をなす[※5]。これを **n 次対称群** と呼ぶ。n 次対称群 S_n は位数 $n!$ の有限群である。

注意 2.3.2（操作としての置換）

> 　注意 2.1.1 で見たように，n 個の文字の置換は，n 個の文字の順列と1対1に対応している。しかし，これらは単に形式的に対応しているだけであって，置換というものの本質を表しているわけではない。置換とは順列を（別の）順列に写す操作なのであって，順列そのものではないことに注意せよ。操作だからこそ「続けて行う」ことによって操作を合成することが可能となり，その全体が群になるわけだ。

　注意 2.3.2 で述べたことは，実は群という考え方の本質でもある。実は，群とは「操作」や「作用」や「運動」などの，動きを表す要素の閉じた全体である。対称群は文字の置換という「操作」の集まりである。整数全体 $\mathbb{Z}$ がたし算でなす群の場合は，例えば $2 \in \mathbb{Z}$ は「（整数に）2 をたす」という操作だと思えばよい。$2+3=5$ という式は，「2 をたす」という操作と「3 をたす」という操作を続けて行うと「5 をたす」という操作に等しい，と読める。その他にも群にはいろいろな表現をもつものがあるが，例えば，図形の対称性を表す群などは，図形の対称運動（回転や折り返しなど）という運動の集まりである。このように，群の考え方の本質は「操作・作用・運動」の集まりということにある。だから，今後も，群の抽象的な考え方につまずきそうになったら，

群とは「操作・作用・運動」の閉じた集まりである

という基本的な考え方に立ち帰って考えてみるとよい。

[※5] 結合法則（定義 1.1.1 の条件(a)）は別途確かめなければならない。

2.4 巡回置換と互換

置換

$$\sigma = \begin{pmatrix} 1 & 2 & 3 & 4 & 5 \\ 2 & 3 & 4 & 5 & 1 \end{pmatrix}$$

は

$$1 \mapsto 2 \mapsto 3 \mapsto 4 \mapsto 5 \mapsto 1$$

という形の「ぐるっと一周する」置換である。この置換は

$$\sigma = (1\ 2\ 3\ 4\ 5)$$

のように簡単に書かれることが多い。

$$(1\ 2\ 3\ 4\ 5) = (2\ 3\ 4\ 5\ 1) = \cdots = (5\ 1\ 2\ 3\ 4)$$

のように（何通りにも）書けることに注意せよ。

一般に k 個の文字 $i_1, i_2, \cdots, i_k$ を

$$i_1 \mapsto i_2 \mapsto \cdots \mapsto i_k \mapsto i_1$$

のように写す置換を長さ k の**巡回置換**と呼び

$$(i_1\ i_2\ \cdots\ i_k) = (i_2\ i_3\ \cdots\ i_k\ i_1) = \cdots = (i_k\ i_1\ \cdots\ i_{k-1})$$

のように書く。長さ 2 の巡回置換は**互換**と呼ばれる。

$$(i\ j) = (j\ i)$$

は文字 i と文字 j を入れ換える（それ以外の文字は動かさない）という互換である。

3 部分群とコセット分解

　以上で，群の定義とその例について，ごく初歩的なことを見てきた。ここから次第に群論のより深い事項に入っていく。

3.1 部分群

　まずは，部分群という概念から始めよう。

定義 3.1.1（部分群）

群 G の部分集合 $H \subseteq G$ は，次の3つの条件を満たすとき，G の**部分群**であるという。
(a) $e \in H$
(b) 任意の $a, b \in H$ について $ab \in H$
(c) 任意の $a \in H$ について $a^{-1} \in H$

　H が G の部分群であることを，

$$H < G$$

と書くこともある。
　例えば，G 自身は明らかに G の部分群である。また，単位元だけからなる集合 $\{e\}$ も G の部分群である。

例 3.1.2

たし算による群 $\mathbb{Z}$ は，たし算による群 $\mathbb{Q}$ の部分群である。

　一般に群 G の部分群 H は，それ単独で（G における演算をそのまま使うことで）群である。

例 3.1.3

群 G の要素 $g \in G$ について，g のべき全体

$$\cdots,\ g^{-3},\ g^{-2},\ g^{-1},\ e,\ g,\ g^2,\ g^3,\ \cdots$$

は G の部分群になっている。これを

$$\langle g \rangle$$

と書いて，g で**生成される**部分群という。

　例えば，$\mathbb{Z}$ は $\mathbb{Q}$ の部分群としては，1 で生成される部分群である。巡回群（定義 1.2.3）とは，言い換えれば，ひとつの要素で生成される群のことである。

定義 3.1.4（要素の位数）

$\langle g \rangle$ が有限群であるとき，その位数を要素 g の**位数**という。

　すなわち，要素 g の位数とは，$g^n = e$ となる最初の自然数 n のことである。g の位数が 1 であることと，g が単位元であることは同値である。

例 3.1.5

互換 $(i\,j)\ (i \neq j)$ は，それ自体は恒等置換 e に等しくなく，$(i\,j)^2 = e$ であるから，その位数は 2 である。一般に，長さ k の巡回置換 $(i_1\,i_2 \cdots i_k)$ の位数は k である。

例 3.1.6

S_3 のすべての要素は

$$e,\ (1\,2),\ (2\,3),\ (3\,1),\ (1\,2\,3),\ (1\,3\,2)$$

であり（演習問題 4-3 参照），その位数はそれぞれ 1, 2, 2, 2, 3, 3 で

ある。よって,

$$\langle (1\ 2) \rangle = \{e,\ (1\ 2)\} \quad \text{や} \quad \langle (1\ 2\ 3) \rangle = \{e,\ (1\ 2\ 3),\ (1\ 3\ 2)\}$$

などは S_3 の部分群である。

「生成される部分群」(例 3.1.3) という考え方は,任意の個数の要素に対しても拡張できる。例えば,$g,\ h \in G$ について,g と h で生成される部分群 $\langle g,\ h \rangle$ とは,g と h の群演算でできる G の要素全体がなす G の部分群のことである。具体的には,$\langle g,\ h \rangle$ は g と h だけで作られる

$$g^{i_1} h^{j_1} g^{i_2} h^{j_2} \cdots g^{i_k} h^{j_k} \quad (k \text{ は自然数で } i_1,\ \cdots,\ i_k,\ j_1,\ \cdots,\ j_k \text{ は整数})$$

という形の要素全体である。一般に,$g_1,\ g_2,\ \cdots,\ g_k \in G$ が生成する G の部分群 $\langle g_1,\ g_2,\ \cdots,\ g_k \rangle$ とは,これらの要素から群演算で得られる要素すべての集まりのことである。

演習問題 4-6 $\sigma = (1\ 2\ 3),\ \tau = (1\ 2) \in S_3$ とするとき,次の等式を示せ。

- $\sigma^2 = \sigma^{-1} = (1\ 3\ 2)$
- $\sigma^{-1} \tau \sigma = (3\ 1)$
- $\sigma \tau \sigma^{-1} = (2\ 3)$

(これより特に,σ と τ は S_3 全体を生成する,$\langle \sigma,\ \tau \rangle = S_3$ であることがわかる。)

3.2 コセット分解

H が群 G の部分群であるとする。任意の $a \in G$ について,

$$aH = \{ab \mid b \in H\}$$

とする[※6]。この形の G の部分集合を,H による**左剰余類**または**左コセット**と呼ぶ。

定理 3.2.1

$a, b \in G$ とする。$b^{-1}a \in H$ のとき，$aH = bH$ であり，そうでないとき $aH \cap bH = \emptyset$ である。

証明 $b^{-1}a \in H$ ならば，任意の $x \in H$ について $ax = eax = (bb^{-1})ax = b(b^{-1}ax)$ であるが，$b^{-1}ax = (b^{-1}a)x \in H$ なので $ax = b(b^{-1}ax) \in bH$ となり，よって $aH \subseteq bH$ である。また，$b^{-1}a \in H$ ならば例題 1.1.5 より $(b^{-1}a)^{-1} = a^{-1}b \in H$ であることに注意すると，任意の $y \in H$ について $by = eby = aa^{-1}by = a(a^{-1}by) \in aH$ なので，$bH \subseteq aH$ である。以上より，$aH = bH$ である。

$b^{-1}a \in H$ でないとしよう。このとき，もし $x \in aH \cap bH$ という x が存在するなら，$x = ay = bz$ $(y, z \in H)$ と書けるが，$ay = bz$ の両辺に左から b^{-1} をかけると $b^{-1}ay = z$ であり，この両辺に右から y^{-1} をかけると $b^{-1}a = zy^{-1} \in H$ となり矛盾する。よって，$aH \cap bH = \emptyset$ である。　　　□

定理 3.2.1 から，G は左コセット aH $(a \in G)$ によって分割されることがわかる。

$$G = \bigcup_{a \in G} aH \quad (aH = bH \quad \text{or} \quad aH \cap bH = \emptyset)$$

ここで $\bigcup_{a \in G} aH$ とは，aH $(a \in G)$ の全部の和集合という意味である。これを群 G の部分群 H による**左コセット分解**という。

例題 3.2.2

S_3 の部分群 $H = \{e, (1\,2)\}$ による左コセット分解を求めよ。

※6　群の二項演算は，あくまでも要素と要素との間に定義されたもので，要素 a と部分集合 H の演算というものが定義されているわけではない。だから，ここの記号 aH は，それ自体意味のあるものではないが，象徴的な（おそらく直観的になじみやすい）形式的記号として採用している。

解 巡回置換 $\sigma = (1\,2\,3)$ を考える。

- $\sigma^{-1}e = \sigma^{-1} = (1\,3\,2)$ は H に属さないので，$eH \cap \sigma H = \emptyset$.
- $\sigma e = \sigma = (1\,2\,3)$ は H に属さないので，$eH \cap \sigma^{-1}H = \emptyset$.
- $\sigma \cdot \sigma = \sigma^2 = (1\,3\,2)$ は H に属さないので，$\sigma H \cap \sigma^{-1}H = \emptyset$.

よって，3 つの互いに共通部分をもたない左コセット

$$H, \quad \sigma H, \quad \sigma^{-1}H$$

ができた。H の要素の個数は 2 なので左コセットの個数は $3!/2 = 6/2 = 3$ なので，これで左コセットのすべてである。よって，求める左コセット分解は

$$S_3 = H \cup \sigma H \cup \sigma^{-1}H$$

で与えられる。 □

　右コセットや右コセット分解も同様に定義される。つまり，H が群 G の部分群であるとき，任意の $a \in G$ について，

$$Ha = \{ba \mid b \in H\}$$

の形の G の部分集合を，H による**右剰余類**または**右コセット**と呼ぶ。このとき，定理 3.2.1 と同様に，次が成り立つ（証明も同様である）。

定理 3.2.3

$a, b \in G$ とする。$ab^{-1} \in H$ のとき，$Ha = Hb$ であり，そうでないとき $Ha \cap Hb = \emptyset$ である。

　G がアーベル群である，つまり任意の $a, b \in G$ について $ab = ba$ が成り立つなら，もちろん

$$aH = Ha$$

が成り立つので，左コセット分解と右コセット分解は一致する[※7]。

例 3.2.4（整数の剰余類分解）

例 1.2.4 で考察した $\mathbb{Z}/n\mathbb{Z}$ の要素（**法 n に関する剰余類**）は，群 $\mathbb{Z}$ の部分群 $n\mathbb{Z} = \{na \mid a \in \mathbb{Z}\}$（つまり n の倍数全体）による左（右）コセットのことである（$\mathbb{Z}$ はアーベル群なので，左コセットと右コセットの区別をする必要はない）。実際，例 1.2.4 の記号で $\overline{m}$（$m = 0, 1, \cdots,$ $n-1$）とは，n で割って m 余る整数の全体であるから，左コセット

$$m + n\mathbb{Z} = \{m + na \mid a \in \mathbb{Z}\}$$

に他ならない（群 $\mathbb{Z}$ の二項演算はたし算なので，左コセット aH は $a + H$ と書かれるべきものになる）。すなわち，$\mathbb{Z}/n\mathbb{Z}$ とは，部分群 $n\mathbb{Z}$ によるコセット全体が群になったものである。

3.3　位数とラグランジュの定理

有限群 G において，その要素の個数は G の**位数**と呼ばれるのであった。有限群 G の位数は

$$|G| \quad \text{または} \quad o(G)$$

などと書かれる。同様に，群 G の要素 g の位数（定義 3.1.4）が有限であるとき，その位数は

$$o(g)$$

と書かれることもある。（「o」は order（位数）の頭文字である。）

次の定理は，有限群論における最初の顕著な定理である。

定理 3.3.1（ラグランジュの定理）

H を有限群 G の部分群とする。このとき，H の位数 $|H|$ は G の位

※7　後で見るように，この等式が成り立つためには，G がアーベル群である必要はなく，H が**正規部分群**というものであればよい。このことは，後々重要になる。

数 $|G|$ の約数である。

証明 任意の左コセット aH は，$x \in H$ に対して $ax \in aH$ を対応させることで，H と1対1対応をもつ。実際，$ax = ay$ とすると，両辺に左から a^{-1} をかけて $x = y$ となるので，この対応は1対1である。特に aH の要素の個数と H の要素の個数 $|H|$ は一致する。G の部分群 H による左コセット分解により，G の位数はそれぞれの左コセットの要素の個数の和であるから，$|H|$ の倍数である。 □

商 $|G|/|H|$ は，G における H による左コセットの個数である。これを部分群 H の G における**指数**と呼んで，

$$[G : H]$$

などと書かれる。ラグランジュの定理は，次の公式を主張している。

─**系 3.3.2**─────────────────

$$|G| = [G : H] \cdot |H|$$

ラグランジュの定理は基本的なものであるが，これだけでも一般的な群論の事実として有用な定理が得られる。例えば，位数が素数 p である群 G を考えよう。ラグランジュの定理より，群 G は単位元 $\{e\}$ だけからなるものと，G 自体より他には部分群をもたない。だから，単位元でない要素 $g \in G$ （$g \neq e$）をとると，それが生成する部分群 $\langle g \rangle$ は（単位元でない要素 g を含んでいるので）G 全体に一致する。

$$G = \langle g \rangle$$

つまり，次の定理が得られる。

定理 3.3.3

　素数位数の有限群は巡回群である。

　数学の中でも**群論**という分野（群を扱う数学の分野）は，とりわけ深くて興味をそそる世界である。例えば，適当に与えられた自然数 n を位数とする群が（後述する**同型**を除いて）本質的に何通りあるか，という問題は，有限群論の中でももっとも基本的で深い問題である。定理 3.3.3 は，$n = p$ が素数の場合には（構造だけ見れば）本質的には一通りの群[8]しかないということを述べている。しかし，一般の n についてこの問題に答えることは，容易なことではない。

　興味のある読者は（シローの定理などの）群論における基本的な定理を学んだ上で，位数 1, 2, 3, … と，小さい位数から順に群を分類することを試みてみると，群論の訓練になる。例えば，位数 4 の群はどれもアーベル群である[9]が，2 通りの構造がある。アーベル群でない群は位数 6 で初めて出現し，それが S_3 である。位数 8 の群を分類することは，最初の試練になるだろう。実は位数 8 では，アーベル群が同型を除いて 3 通り，アーベルでない群が同型を除いて 2 通りある。

　また，定理 3.3.3 は，素数位数の群は本質的に一種類しかないということを述べているが，素数位数でなくても，例えば位数 15 の群も本質的に巡回群 $\mathbb{Z}/15\mathbb{Z}$ の一種類しかない。ここで 15 は 3×5 というように 2 つの奇素数の積なので，では同じように $21 = 3 \times 7$ でも同様かと思われるかもしれないが，実は位数 21 の群は一種類ではない。

　このように，有限群論の世界のさまざまな問題は，パズルゲーム性があるので面白いと感じる人は多いと思う。

---

[8]　すなわち，そのような群はすべて $\mathbb{Z}/p\mathbb{Z}$ に同型である。
[9]　一般に，位数が素数の 2 乗 p^2 の群はアーベル群である。

第5章　群論（2）

　前章では，本格的な群論の基礎的な部分を扱った。群とは文字の入れ換え（置換）や図形の対称運動のような，操作や作用などの動きからなる閉じた体系であると考えると理解しやすい。しかし，抽象的な群論は，このような操作としての要素という考え方からは，少なくとも表向きは独立していて，単なる抽象的な記号で表される構造であるからこそ，多くの実際的な表現や応用をもつのである。特に，代数方程式のガロア理論においては，代数方程式の根の入れ換え（置換）から，そのガロア群が生じる。その意味で，文字の入れ換えの群（対称群）は，ガロア理論を理解する上での群論の重要な対象である。

　しかし，ガロア以前にも根の置換や，その集まりを扱うというアイデアはすでにあった。例えば，ラグランジュは根の置換の群について，原初的だが極めて系統的な考察を行なっている。その意味では，群論の萌芽はガロア以前にも，すでにあったと言ってよい。では，ガロア理論における根の置換群の理論は，それ以前の理論と何が本質的に違うのだろうか。実は，この章に出てくる**正規部分群**の概念が，ガロアが見出した群論の概念としては，もっとも重要なものである。群には部分群というものがあり，それはすでに述べた。しかし，ただの部分群ではない正規部分群[※1]というものがあり，その違いに気づくことが実は非常に重要であった。この章では，この正規部分群の概念を中心に，前章に引き続いて群論の基礎を概観する。

※1　ガロア自身の言葉では「不変部分群」。

1 準同型と正規部分群

1.1 群準同型

前章では「群」の概念の基礎を扱ったが，ここではまず，群と群との関係を表す「群準同型」の概念について述べよう。2つの群 G と G' が与えられたときに，これらの間の関係を記述するのは，それらの間の写像 $G \to G'$ である。写像の概念は，すでに第3章2.2節で述べた。しかし，群同士を関係づける写像は，ただの写像であるだけでは不十分である。つまり，両者の群としての構造を保つものでなければならない。この構造を保つということの意味を正確に述べたのが，以下の定義である。

定義 1.1.1 （群準同型）

群 G から群 G' への写像

$$f : G \longrightarrow G'$$

が，任意の $a,\ b \in G$ に対して

$$f(ab) = f(a)f(b) \qquad\qquad (*)$$

を満たすとき，f は**群準同型**と呼ばれる。

等式 $(*)$ の左辺の $f(ab)$ における「ab」は群 **G における** $(a,\ b \in G$ の$)$ 演算を表してるが，右辺の $f(a)f(b)$ は，$f(a)$ と $f(b)$ という G' の要素の，**G' における**演算の結果を表していることに注意しよう。つまり，条件 $(*)$ は，写像 f によって G の演算が G' の演算に写されていること，もう少し噛み砕いて言えば，写像 f が群演算の構造を保つということを表している。

もう少し，等式 $(*)$ の意味を言語化するならば，次のようにも言える。$(*)$ は「写像 f を施すこと」と「二項演算を施すこと」が交換できるということだ。左辺は「演算してから f する」ことであり，右辺は「f してから演算する」こ

とである。

　いずれにしても，群準同型とは，群の構造（それはつまるところ，G の演算である）を保ちながら，G の要素を G' の要素に写す写像のことである。

注意 1.1.2

(1) 群準同型 f は，G の単位元 e を G' の単位元 e' に写す。実際，$e = ee$ なので，G' において

$$f(e) = f(ee) = f(e)f(e)$$

という等式が成り立つが，この両辺に $f(e)$ の逆元をかけると $f(e) = e'$ が導かれる。

(2) 群準同型 f は，G の各要素 a の逆元 a^{-1} を，G' における $f(a)$ の逆元 $f(a)^{-1}$ に写す。すなわち，$f(a^{-1}) = f(a)^{-1}$ が成り立つ。実際，$aa^{-1} = e$ なので，

$$e' = f(e) = f(aa^{-1}) = f(a)f(a^{-1})$$

となるが，これに $f(a)^{-1}$ を左からかけると，$f(a)^{-1} = f(a^{-1})$ となる。

例題 1.1.3

$G,\ G',\ G''$ を群とし，$f : G \to G'$，$g : G' \to G''$ を群準同型とする。このとき，合成 $h = g \circ f : G \to G''$ もまた群準同型であることを示せ。

解 f が群準同型なので，任意の $a,\ b \in G$ について，$f(ab) = f(a)f(b)$ が成り立つ。また，g は群準同型なので，$g(f(a)f(b)) = g(f(a))g(f(b)) = h(a)h(b)$ が成り立つ。よって，

$$g \circ f(ab) = g(f(ab)) = g(f(a)f(b)) = h(a)h(b)$$

となり，$h = g \circ f$ が群準同型であることが示された。　　　□

G がアーベル群ならば，G から G 自身への写像 $f : a \mapsto a^2$ は群準同型であることを示せ。

群準同型 f が写像として単射であるとき，f は**単射準同型**という。同様に，群準同型 f が写像として全射であるとき，f は**全射準同型**という。（単射・全射の意味については，第 3 章 2.2 節を参照。）

もし，群準同型 $f : G \to G'$ が全単射ならば，これは逆写像 $f^{-1} : G' \to G$ をもつ（第 3 章命題 2.2.6）。次の命題から，群準同型の逆写像は（存在すれば）また群準同型になることがわかる。

┌─ **命題 1.1.4** ─────────────────────

　群準同型 $f : G \to G'$ が全単射であるとき，逆写像 $f^{-1} : G' \to G$ もまた群準同型である。

└──────────────────────────────

証明 $a', b' \in G$ について，$f^{-1}(a'b') = f^{-1}(a')f^{-1}(b')$ が成り立つことを示す。$f^{-1}(a') = a$，$f^{-1}(b') = b$ とすると，$f(a) = a'$，$f(b) = b'$ である。f は群準同型なので，$f(ab) = f(a)f(b) = a'b'$ である。これは $ab = f^{-1}(a'b')$ であることを示している。よって，$f^{-1}(a'b') = ab = f^{-1}(a')f^{-1}(b')$ である。

□

┌─ **定義 1.1.5（群の同型）** ───────────────

（1）群 G から群 G' への群準同型 $f : G \to G'$ が全単射であるとき，f は G から G' への**群同型**または単に**同型**といい，

$$f : G \xrightarrow{\sim} G'$$

と書く。（このとき，命題 1.1.4 より，逆写像 $f^{-1} : G' \to G$ も群同型である。）

（2）群 G から群 G' への群同型が存在するとき，群 G と群 G' は**同型**であるといい，$G \cong G'$ で表す。

└──────────────────────────────

特に群 G から自分自身 G への群準同型や群同型が重要になることが多い。これらはそれぞれ，G の**自己準同型**や**自己同型**と呼ばれる。

　群 G と群 G' が（群同型 f によって）**同型である**とは，どういうことを意味しているだろうか。これは，G と G' が，群論という枠組みの立場では，区別する必要のない，すなわち「同じもの」と見なしてもよいということだ。実際，G の要素と G' の要素は f によって 1 対 1 に対応している。そして，この対応によって，一方の群構造（要するに群演算）は他方の群演算に完全に対応している。だから，違いは単に記号の違いだけだ。

　というわけで，G と G' が群として同型であるとき，抽象的な群論の立場からは，この両者をことさらに区別することは，あまり有意義なことではない。そして，この「ゆるい同じさ＝同型」という考え方こそ，抽象的な群論を展開することの大きな意義である。実際，数学のいろいろな現象の中で群は，あるときは文字の置換の群として，あるときは図形の対称運動の群として，またあるときは数の計算を通じてというように，さまざまな姿をまとって現れる。しかし，それらの一見異なる群も，単に群としての構造だけに注目するならば群として同型であることがある。そういう場合，これらの見かけは異なる群も，構造は「同じ」なので，一方の群の性質を調べれば，それがそのまま他方の群にも成り立つことになる。こうして，文字の入れ換えと図形の運動というような，現象としてまったく異なる世界の物事を，群構造を通じて関係付けることができる。このようなことは，抽象的な構造としての「群」という概念があってこそ可能になる考え方であり，現代数学の強力な一面でもある。

┌─ 例題 1.1.6 ─────────────────────────┐

　群 G の自己同型全体のなす集合を $\mathrm{Aut}(G)$ と書く。$\mathrm{Aut}(G)$ は写像の合成に関して，群をなすことを示せ。

└──────────────────────────────────┘

解 群の公理（第 4 章定義 1.1.1）を確かめよう。

(a) $f, g, h \in \mathrm{Aut}(G)$ とするとき, $f \circ (g \circ h) = (f \circ g) \circ h$ (結合法則) を確かめればよい。任意の $a \in G$ について, $f \circ (g \circ h)(a)$ も $(f \circ g) \circ h(a)$ も, どちらも $f(g(h(a)))$ (a を h で写して, 次に g で写して, 最後に f で写した結果) に等しいので, $f \circ (g \circ h)(a) = (f \circ g) \circ h(a)$ である。これがすべての $a \in G$ で正しいので, 写像として $f \circ (g \circ h) = (f \circ g) \circ h$ が成り立つ。

(b) id_G (恒等写像) は明らかに群準同型であり, 合成に関する単位元である。

(c) 任意の $f \in \mathrm{Aut}(G)$ に対し, 逆写像 f^{-1} もまた G から G への群準同型である (命題 1.1.4) から, $f^{-1} \in \mathrm{Aut}(G)$ であり, これが合成に関する f の逆元である。

以上より, $\mathrm{Aut}(G)$ は写像の合成に関して群となる。 □

1.2 像と核

$f : G \to G'$ を群準同型とする。写像としての f による G の**像**とは,

$$f(G) = \{ f(a) \mid a \in G \}$$

で定められる G' の部分集合であった (第 3 章 2.2 節参照)。例えば, f が全射準同型であることは, $f(G) = G'$ ということである。

┌─ **定義 1.2.1 (群準同型の核)** ─────────────────

  群準同型 $f : G \to G'$ の**核**とは,

  $$\ker(f) = \{ a \in G \mid f(a) = e' \}$$

  (ただし, e' は G' の単位元) で定められる G の部分集合である。

└──────────────────────────────────────

　すなわち, 群準同型 f の核とは f によって単位元に写される要素全体の集合である。f によって, 少なくとも G の単位元は G' の単位元に写される (注意 1.1.2(1)) のであるから, f の核には少なくとも G の単位元は属している。「$\ker$」という記号は kernel (核) という言葉から来ている。

―― 例題 1.2.2 ――――――――――――――――――――――――――――

群準同型 $f : G \to G'$ による G の像 $f(G)$ は G' の部分群であること
を示せ。

――――――――――――――――――――――――――――

解 部分群の公理（第 4 章定義 3.1.1）を確かめよう。

(a) $e' = f(e) \in f(G)$

(b) 任意の $f(a)$, $f(b) \in f(G)$ について，$f(a)f(b) = f(ab) \in f(G)$

(c) 任意の $f(a) \in f(G)$ について，$f(a)^{-1} = f(a^{-1}) \in f(G)$

よって，$f(G) < G'$ である。　　　　　　　　　　　　　　　　　□

―― 例 1.2.3 ―――――――――――――――――――――――――――

整数全体が（たし算によって）なす群 $\mathbb{Z}$ から，巡回群 $\mathbb{Z}/n\mathbb{Z}$（第 4 章
例 1.2.4）への写像 π

$$\pi : \mathbb{Z} \longrightarrow \mathbb{Z}/n\mathbb{Z} \quad (m \longmapsto \pi(m) = \overline{m})$$

を考える（**標準的射影**と呼ばれる写像である。後の 3.2 節を参照）。
ここで，$\overline{m}$ は m が属する（法 n に関する）剰余類，すなわち m を n
で割った余りを k $(k = 0, 1, \cdots, n-1)$ とするときの $\overline{k}$ のことであ
る（あるいは，$\overline{m} = m + n\mathbb{Z}$ とも書ける）。これは，

$$\pi(a+b) = \overline{a+b} = \overline{a} + \overline{b} = \pi a + \pi b$$

なので（明らかに全射な）群準同型であり，$\mathbb{Z}/n\mathbb{Z}$ の単位元は $\overline{0} = n\mathbb{Z}$
なので，その核は n の倍数全体 $n\mathbb{Z}$ である。

――――――――――――――――――――――――――――

―― 命題 1.2.4 ――――――――――――――――――――――――――

$f : G \to G'$ が群準同型であるとき，f の核 $\ker(f)$ は G の部分群で

あることを示せ。

証明 第4章定義 3.1.1 の条件を確かめる。

(a) G の単位元 e について，$f(e)$ は G' の単位元である（注意 1.1.2(1)）。よって，$e \in \ker(f)$ である。

(b) $a,\ b \in \ker(f)$ について，$f(a) = f(b) = e'$ であるが，$f(ab) = f(a)f(b) = e'e' = e'$ なので $ab \in \ker(f)$ である。

(c) $a \in \ker(f)$ について，注意 1.1.2(2) より $f(a^{-1}) = f(a)^{-1} = e'^{-1} = e'$ なので，$a^{-1} \in \ker(f)$ である。 □

演習問題 5-2 $f : G \to G'$ を群準同型とし，$H < G$ を G の部分群とする。このとき f による H の像 $f(H)$ は G' の部分群であることを示せ。

例題 1.2.5

群準同型 $f : G \to G'$ が単射であるための必要十分条件は，$\ker(f) = \{e\}$ であることを示せ。ここで $e \in G$ は G の単位元を表す。

解 $f : G \to G'$ が単射であるとして，$a \in \ker(f)$ とすると，$f(a) = e' = f(e)$ なので $a = e$ である。よって，$\ker(f) = \{e\}$ である。逆に $\ker(f) = \{e\}$ とする。$f(a) = f(b)$ とすると，$f(a^{-1}b) = f(a^{-1})f(b) = f(a)^{-1}f(b) = e'$ なので $a^{-1}b \in \ker(f) = \{e\}$ より，$a^{-1}b = e$ すなわち $a = b$ である。よって，f は単射である。 □

1.3 内部自己同型

群の自己同型の中でも，次の形のものは重要である。

─ 例題 1.3.1 ─

G を群として，$g \in G$ とする。任意の $a \in G$ について，

$$i_g(a) = gag^{-1}$$

で決まる写像 $i_g : G \to G$ は自己同型であることを示せ。

解 $a, b \in G$ について

$$i_g(ab) = g(ab)g^{-1} = (gag^{-1})(gbg^{-1}) = i_g(a)i_g(b)$$

よって，i_g は群準同型である。また，g の逆元 g^{-1} によって $i_{g^{-1}}$ を考えると，これは i_g の逆写像になっている。実際，任意の $a \in G$ について，

$$i_{g^{-1}} \circ i_g(a) = i_{g^{-1}}(gag^{-1}) = g^{-1}(gag^{-1})g = a,$$
$$i_g \circ i_{g^{-1}}(a) = i_g(g^{-1}ag) = g(g^{-1}ag)g^{-1} = a$$

であり，これらが任意の $a \in G$ で成り立つので，写像として $i_g \circ i_{g^{-1}} = i_{g^{-1}} \circ i_g = \mathrm{id}_G$ である。特に i_g は（逆写像をもつので）全単射であり，よって，群同型である。 □

─ 定義 1.3.2（内部自己同型）─

(1) $i_g : a \mapsto gag^{-1}$ を $g \in G$ による**内部自己同型**という。
(2) $i_g(a) = b$ であるとき，すなわち，$b = gag^{-1}$ であるとき，b は（g によって）a と**共役**であるという。

G がアーベル群ならば，内部自己同型はすべて恒等写像である。実際，このとき $gag^{-1} = agg^{-1} = a$ となるので，任意の $a \in G$ について $i_g(a) = a$ である。
　内部自己同型，あるいは共役の概念は，置換の群の世界では，次のような鮮やかな表示をもっている。

例 1.3.3

対称群 S_n において，次が成り立つ。

$$\tau \begin{pmatrix} 1 & 2 & \cdots & n \\ \sigma(1) & \sigma(2) & \cdots & \sigma(n) \end{pmatrix} \tau^{-1} = \begin{pmatrix} \tau(1) & \tau(2) & \cdots & \tau(n) \\ \tau\sigma(1) & \tau\sigma(2) & \cdots & \tau\sigma(n) \end{pmatrix}$$

すなわち，$\tau \in S_n$ による $\sigma \in S_n$ の共役は，σ の表示に出てくるすべての数字を τ で置換したものに等しい。

例えば，

$$\sigma = \begin{pmatrix} 1 & 2 & 3 & 4 & 5 \\ 3 & 5 & 2 & 4 & 1 \end{pmatrix}$$

の巡回置換 $\tau = (1\,2\,3)$ による共役は，

$$\tau\sigma\tau^{-1} = \begin{pmatrix} 2 & 3 & 1 & 4 & 5 \\ 1 & 5 & 3 & 4 & 2 \end{pmatrix} = \begin{pmatrix} 1 & 2 & 3 & 4 & 5 \\ 3 & 1 & 5 & 4 & 2 \end{pmatrix}$$

となる。

演習問題 5-3 $\quad \sigma = \begin{pmatrix} 1 & 2 & 3 & 4 & 5 \\ 4 & 5 & 3 & 2 & 1 \end{pmatrix}$

の互換 $\tau = (1\,2)$ による共役 $\tau\sigma\tau^{-1}$ を求めよ。

演習問題 5-4 群 G の各要素 g に，内部自己同型 i_g を対応させる写像

$$G \longrightarrow \mathrm{Aut}(G) \quad (g \longmapsto i_g)$$

は，群準同型であることを示せ。

1.4 正規部分群

内部自己同型で不変な部分群は，特に重要であることが多い。このような部分群のことを**正規部分群**という。

─ 定義 1.4.1 （正規部分群）──────────────

群 G の部分群 N が，任意の $g \in G$ について

$$i_g(N)\,(=gNg^{-1}) \subseteq N$$

を満たすとき，N は G の **正規部分群** という。N が G の正規部分群
であることを，しばしば

$$N \vartriangleleft G$$

と書く。

─────────────────────────────

N が G の正規部分群である（$N \vartriangleleft G$）とは，N の任意の要素の任意の共役
が，また N の要素になっていること，すなわち，N が共役で閉じていること
を意味している。つまり，

$$a \in N,\, g \in G \quad \Rightarrow \quad gag^{-1} \in N$$

が成り立つことである。

　例えば，単位元だけからなる部分群 $\{e\}$ や G 自体は，明らかに G の正規部
分群である。また，G がアーベル群ならば，G のすべての部分群は正規部分
群である。

─ 例 1.4.2 ──────────────────────

例 1.3.3 より，次のことがわかる。対称群 S_n の部分群 N が正規部分
群であるための必要十分条件は，任意の $\sigma \in N$ の表示に現れる数字
を任意に置換しても N の要素になっていることである。（なお，後述
の定理 2.4.1 を参照せよ。）

─────────────────────────────

次のように，任意の群準同型の核は正規部分群である。

> ### 定理 1.4.3（核の正規性）
>
> 群準同型 $f : G \to G'$ の核 $\mathrm{ker}(f)$ は，G の正規部分群である。すなわち，
>
> $$\mathrm{ker}(f) \lhd G$$

証明 任意の $a \in \mathrm{ker}(f)$ と任意の $g \in G$ について，$gag^{-1} \in \mathrm{ker}(f)$ であることを示せばよい。

$$f(gag^{-1}) = f(g)f(a)f(g^{-1}) = f(g)e'f(g)^{-1} = f(g)f(g)^{-1} = e'$$

よって，$gag^{-1} \in \mathrm{ker}(f)$ である。 □

2 対称群（2）

第4章2節に引き続いて，対称群について，その正規部分群を考えよう。まず，最初に**交代群**について考えるため，置換の符号の概念から導入する。

2.1 置換の符号

n 個の変数 $x_1, x_2, \cdots, x_n$ による多項式 $D(x_1, x_2, \cdots, x_n)$ を，次で定義する。

$$
\begin{aligned}
D(x_1, x_2, \cdots, x_n) = {}& (x_1 - x_2) \times (x_1 - x_3) \times \cdots \times (x_1 - x_n) \\
& \times (x_2 - x_3) \times \cdots \times (x_2 - x_n) \\
& \qquad\qquad \cdots\cdots \\
& \times (x_{n-1} - x_n)
\end{aligned}
$$

すなわち，$D(x_1, x_2, \cdots, x_n)$ は，n 個の変数 $x_1, x_2, \cdots, x_n$ から2個 x_i, x_j $(i \ne j)$ をとり，番号の小さいものから番号の大きいものを引いた式，すなわち，$i < j$ なら $x_i - x_j$，$i > j$ なら $x_j - x_i$ を考え，それらすべてをかけて得られた式

である。よって，$D(x_1, x_2, \cdots, x_n)$ は，$x_i - x_j \ (i<j)$ の形の式の $\binom{n}{2} = \dfrac{n(n-1)}{2}$ 個の積になっている。

n 変数多項式 $D(x_1, x_2, \cdots, x_n)$ を，n 変数の**差積**という。

例 2.1.1（差積の例）

$n = 2$ のとき，

$$D(x_1, x_2) = x_1 - x_2$$

$n = 3$ のとき，

$$D(x_1, x_2, x_3) = (x_1 - x_2)(x_1 - x_3)(x_2 - x_3)$$

$n = 4$ のとき，

$$D(x_1, x_2, x_3, x_4) = (x_1 - x_2)(x_1 - x_3)(x_1 - x_4)(x_2 - x_3)(x_2 - x_4)(x_3 - x_4)$$

σ を n 個の文字 $1, 2, \cdots, n$ の置換とする。このとき，変数 $x_1, x_2, \cdots, x_n$ の番号を σ で置換して，n 個の変数 $x_1, x_2, \cdots, x_n$ による多項式

$$D(x_{\sigma(1)}, x_{\sigma(2)}, \cdots, x_{\sigma(n)})$$

を考える。これもまた，n 個の変数 $x_1, x_2, \cdots, x_n$ の中の 2 個 x_i, x_j について，$x_i - x_j$ または $x_j - x_i$ の形の式の積になっている。よって，特に，$D(x_{\sigma(1)}, x_{\sigma(2)}, \cdots, x_{\sigma(n)})$ はもとの $D(x_1, x_2, \cdots, x_n)$ に等しいか，またはそれと符号だけが異なっている。

$$D(x_{\sigma(1)}, x_{\sigma(2)}, \cdots, x_{\sigma(n)}) = \pm D(x_1, x_2, \cdots, x_n)$$

例 2.1.2

$n = 2$ で $\sigma = (1\ 2)$ のとき，

$$D(x_{\sigma(1)},\ x_{\sigma(2)}) = x_2 - x_1 = -D(x_1,\ x_2)$$

$n=3$ で $\sigma = (1\ 2\ 3)$ のとき,

$$D(x_{\sigma(1)},\ x_{\sigma(2)},\ x_{\sigma(3)}) = (x_2 - x_3)(x_2 - x_1)(x_3 - x_1) = D(x_1,\ x_2,\ x_3)$$

$n=4$ で $\sigma = (1\ 3\ 4)$ のとき,

$$D(x_{\sigma(1)},\ x_{\sigma(2)},\ x_{\sigma(3)},\ x_{\sigma(4)})$$
$$= (x_3 - x_2)(x_3 - x_4)(x_3 - x_1)(x_2 - x_4)(x_2 - x_1)(x_4 - x_1)$$
$$= D(x_1,\ x_2,\ x_3,\ x_4)$$

例 2.1.2 からわかるように, $i<j$ かつ $\sigma(i)>\sigma(j)$ である (i,j) の個数が偶数であるとき, $D(x_{\sigma(1)},\ x_{\sigma(2)},\ \cdots,\ x_{\sigma(n)})$ と $D(x_1,\ x_2,\ \cdots,\ x_n)$ は一致し, 奇数であるとき, 符号が逆になる。このような組 (i,j) の個数を, σ の **転倒数** という。すなわち, 置換 σ の転倒数とは, 集合

$$\{(i,\ j)\,|\,i,\ j=1,\ 2,\ ...,\ n,\ i<j,\ \sigma(i)>\sigma(j)\}$$

の要素の個数である。

───**例題 2.1.3**───

置換 $\sigma = \begin{pmatrix} 1 & 2 & 3 & 4 & 5 & 6 \\ 5 & 3 & 4 & 6 & 2 & 1 \end{pmatrix}$ の転倒数を求めよ。

解 順列 534621 に注目する。

● 一番左の 5 に注目して, それより右にある数の中で 5 より小さいものの個数は 4 個

● 左から 2 番目の 3 に注目して, それより右にある数の中で 3 より小さいものの個数は 2 個

- 左から3番目の4に注目して，それより右にある数の中で4より小さいものの個数は2個
- 左から4番目の6に注目して，それより右にある数の中で6より小さいものの個数は2個
- 左から5番目の2に注目して，それより右にある数の中で2より小さいものの個数は1個

よって，転倒数は $4+2+2+2+1=11$ である。 □

定義 2.1.4（置換の符号）

n 個の文字 $1, 2, \cdots, n$ の置換 σ について，

$$\mathrm{sgn}(\sigma) = \frac{D(x_{\sigma(1)},\ x_{\sigma(2)},\ \cdots,\ x_{\sigma(n)})}{D(x_1,\ x_2,\ \cdots,\ x_n)}$$

として，これを σ の**符号**という。

すなわち，置換 σ の符号 $\mathrm{sgn}(\sigma)$ とは，1 または -1 のどちらかであり，次が成り立つ。

- $\mathrm{sgn}(\sigma)=1 \Leftrightarrow \sigma$ の転倒数が偶数
- $\mathrm{sgn}(\sigma)=-1 \Leftrightarrow \sigma$ の転倒数が奇数

演習問題 5-5 次の置換の転倒数および符号を求めよ。

(1) $\begin{pmatrix} 1 & 2 & 3 & 4 \\ 2 & 4 & 3 & 1 \end{pmatrix}$
   (2) $\begin{pmatrix} 1 & 2 & 3 & 4 & 5 \\ 2 & 3 & 5 & 1 & 4 \end{pmatrix}$
   (3) $\begin{pmatrix} 1 & 2 & 3 & 4 & 5 & 6 \\ 2 & 1 & 4 & 3 & 6 & 5 \end{pmatrix}$

定理 2.1.5（合成公式）

n 個の文字 $1, 2, \cdots, n$ の置換 $\sigma,\ \tau$ について，

$$\mathrm{sgn}(\sigma\tau) = \mathrm{sgn}(\sigma)\mathrm{sgn}(\tau)$$

証明 等式

$$D(x_{\tau(1)}, x_{\tau(2)}, \cdots, x_{\tau(n)}) = \mathrm{sgn}(\tau) D(x_1, x_2, \cdots, x_n)$$

の両辺の変数 $x_1, x_2, \cdots, x_n$ を，いっせいに σ で置換すると，次の等式が得られる。

$$\begin{aligned} D(x_{\sigma(\tau(1))}, x_{\sigma(\tau(2))}, \cdots, x_{\sigma(\tau(n))}) &= \mathrm{sgn}(\tau) D(x_{\sigma(1)}, x_{\sigma(2)}, \cdots, x_{\sigma(n)}) \\ &= \mathrm{sgn}(\tau) \mathrm{sgn}(\sigma) D(x_1, x_2, \cdots, x_n) \end{aligned}$$

$\sigma\tau(i) = \sigma(\tau(i))$ $(i = 1, 2, \cdots, n)$ なので，これは $\mathrm{sgn}(\sigma\tau) = \mathrm{sgn}(\sigma)\mathrm{sgn}(\tau)$ であることを示している。 □

系 2.1.6

単位置換 e の符号は 1 である。また，n 個の文字 $1, 2, \cdots, n$ の置換 σ について，$\mathrm{sgn}(\sigma) = \mathrm{sgn}(\sigma^{-1})$

証明 単位置換 e の符号は明らかに 1 である。$\sigma\sigma^{-1} = e$ より，$\mathrm{sgn}(\sigma)\mathrm{sgn}(\sigma^{-1}) = \mathrm{sgn}(e) = 1$ である。よって，$\mathrm{sgn}(\sigma) = \mathrm{sgn}(\sigma^{-1})$ □

2.2 偶置換と奇置換

符号が 1 である置換を**偶置換**といい，符号が -1 である置換を**奇置換**という。定理 2.1.5 と系 2.1.6 より，偶置換全体は対称群 S_n の部分群をなす。これを A_n と書いて n 次の**交代群**という。

例 2.2.1 （互換の符号）

$i < j$ $(i, j = 1, 2, \cdots, n)$ について，互換 $(i\ j)$ を考える。その転倒数を計算するために，順列 $1 \cdots j \cdots i \cdots n$（左から i 番目が j で，j 番目が i）に注目すると，

● 左から i 番目の j の右にあって j より小さいものの個数は $j - i$ 個。

- 左から i 番目の j と j 番目の i の中間にある，左から $i+k$ 番目 $(k=1, 2, \cdots, j-i-1)$ の $i+k$ の右にあって，$i+k$ より小さいのは，左から j 番目の i のみの 1 個。k を動かして，全部で $j-i-1$ 個。
- これらより他に転倒している箇所はない。

よって，転倒数は $j-i+\overbrace{1+\cdots+1}^{j-i-1}=2(j-i)-1$ で奇数である。よって，任意の互換は奇置換である。

例題 2.2.2

次の等式を示せ。

$$(1\ 2\ \cdots\ k) = (1\ k)(1\ k-1) \cdots (1\ 3)(1\ 2)$$

解 1 の行き先を見よう。右辺の一番右の互換 $(1\ 2)$ により，1 は 2 に写される。その後，右辺のその他の互換には 2 は現れない。よって，1 の行き先は 2 であり，これは左辺とも一致している。

次に 2 の行き先を見よう。右辺の一番右の互換 $(1\ 2)$ により，2 は 1 に写される。その次の互換で，1 は 3 に写される。しかし，その後の互換には 3 は現れないので，3 はそのままである。よって，2 は 3 に写され，これは左辺とも一致している。

他の文字も同様であることが確かめられる。　　　□

例題 2.2.2 で，文字 $1, 2, \cdots, k$ を形式的に $i_1, i_2, \cdots, i_k$ に付け換えれば，一般に次が成り立つことがわかる。

命題 2.2.3

$$(i_1\, i_2 \cdots i_k) = (i_1\, i_k)(i_1\, i_{k-1}) \cdots (i_1\, i_3)(i_1\, i_2)$$

すなわち，長さ k の巡回置換は，$k-1$ 個の互換の積に分解される。

系 2.2.4（巡回置換の符号）

$$\mathrm{sgn}\,(i_1\, i_2 \cdots i_k) = \begin{cases} 1 & (k\ \text{が奇数}) \\ -1 & (k\ \text{が偶数}) \end{cases}$$

よって，長さ k の巡回置換は，k が奇数ならば偶置換であり，k が偶数ならば奇置換である。

証明 例 2.2.1 より互換の符号は -1 であったから，定理 2.1.5 よりすぐにわかる。 □

定理 2.2.5（偶置換と奇置換の個数）

n を 2 以上の自然数とする。n 個の文字 $1, 2, \cdots, n$ の偶置換全体がなす部分群 A_n（n 次の交代群）の S_n における指数は 2 である。すなわち，偶置換の個数は $n!/2$ 個である。（よって，特に奇置換の個数も同じく $n!/2$ 個である。）

証明 A_n による 2 つのコセット $A_n = eA_n$ と $(1\,2)\,A_n$ を考える。互換 $(1\,2)$ は奇置換なので，$(1\,2)\,A_n$ に属する置換はすべて奇置換である。任意の奇置換 $\tau \in S_n$ について，$(1\,2)\tau$ は偶置換なので $(1\,2)\tau \in A_n$ であるが，$\sigma = (1\,2)\tau \in A_n$ とすると，$(1\,2)^2 = e$ より $\tau = (1\,2)\sigma \in (1\,2)\,A_n$ である。これは，すべての奇置換は $(1\,2)\,A_n$ に属すること，すなわち $(1\,2)\,A_n$ は S_n の奇置換全体に一致することを示している。よって，S_n は A_n と $(1\,2)\,A_n$ の 2 つのコセットに分解

されるので, $[S_n : A_n] = 2$ である。　　　　　　　　　　　　　　　□

定理 2.2.6（交代群の正規性）

n を 2 以上の自然数とする。このとき $A_n \triangleleft S_n$ である。すなわち, n 次交代群 A_n は n 次対称群 S_n の正規部分群である。

証明 $\sigma \in A_n$ と $\tau \in S_n$ に対して, $\tau\sigma\tau^{-1} \in A_n$ であることを示せばよい。定理 2.1.5 と系 2.1.6 より,

$$\text{sgn}(\tau\sigma\tau^{-1}) = \text{sgn}(\tau)\text{sgn}(\sigma)\text{sgn}(\tau^{-1}) = \text{sgn}(\tau)^2\text{sgn}(\sigma) = \text{sgn}(\sigma) = 1$$

よって, $\tau\sigma\tau^{-1} \in A_n$ である。　　　　　　　　　　　　　　　□

　実は, 定理 2.2.6 は, 次の演習問題を用いると, $[S_n : A_n] = 2$ という性質だけからもわかる。

演習問題 5-6　G を群とし, H をその指数 2 の部分群とする。このとき, H は G の正規部分群であることを示せ。

2.3　置換の型

　置換 $\sigma = \begin{pmatrix} 1 & 2 & 3 & 4 & 5 & 6 & 7 \\ 5 & 7 & 6 & 4 & 2 & 3 & 1 \end{pmatrix}$ を考えよう。この置換で, 1 から始めて次々に写されている置換の**軌道**を考えると

$$1 \overset{\sigma}{\longmapsto} 5 \overset{\sigma}{\longmapsto} 2 \overset{\sigma}{\longmapsto} 7 \overset{\sigma}{\longmapsto} 1$$

となって, 最後は 1 に戻ってくる。すなわち, 1, 5, 2, 7 という 4 つの文字だけに注目するなら, それは巡回置換 (1 5 2 7) に等しい。

　では次に, 1, 5, 2, 7 に現れない文字, 例えば 3 を考えると, その σ による軌道は

$$3 \overset{\sigma}{\longmapsto} 6 \overset{\sigma}{\longmapsto} 3$$

となっている。すなわち, σ は 3, 6 の 2 つの文字に対しては互換 (3 6) と同じ
作用をしている。

　今まで現れた 1, 5, 2, 7 と 3, 6 に現れない文字は, 4 しかない。σ は 4 を固定
する

$$4 \overset{\sigma}{\longmapsto} 4$$

ので, これに対しては「長さ 1 の巡回置換」(4), つまり恒等置換と同じである。

　そこで, 次のような巡回置換の積を考えよう。

$$(1\,5\,2\,7)(3\,6)(4) \ (= (1\,5\,2\,7)(3\,6)) \tag{$*$}$$

　これは, 実は σ と等しくなっている。例えば, σ は文字 1 に対しては巡回置
換 (1 5 2 7) と同じに作用するが, ($*$) の置換では (3 6) や (4) は文字 1 と関係
ないから, σ も ($*$) も 1 の行き先は同じである。同様に, 5, 2, 7 についても σ
と ($*$) は同じ行き先に写す。文字 3 については, ($*$) においてそれが関係する
のは互換 (3 6) の部分だけで, よって, これについても σ と同じ作用である。

　このように考えていけば, σ と ($*$) が同じ置換であること

$$\begin{pmatrix} 1 & 2 & 3 & 4 & 5 & 6 & 7 \\ 5 & 7 & 6 & 4 & 2 & 3 & 1 \end{pmatrix} = (1\,5\,2\,7)(3\,6)(4) \tag{$**$}$$

がわかるだろう。これは, $\sigma = \begin{pmatrix} 1 & 2 & 3 & 4 & 5 & 6 & 7 \\ 5 & 7 & 6 & 4 & 2 & 3 & 1 \end{pmatrix}$ という置換が, 互いに
同じ文字を含まない巡回置換の積に分解されていることを意味している。この
書き方は, 次の 2 つの意味で優れている。

● (1 5 2 7) と (3 6) には共通の文字が現れないので, その積の順番を交換
　　できる

$$(1\,5\,2\,7)(3\,6) = (3\,6)(1\,5\,2\,7)$$

●この分解 ($**$) は, 積の順序を除けば一意的である。実際, 上でやった

ように1の軌道を考えて，次にその軌道に現れない文字の軌道を考えて，次にそれまでに現れない文字の軌道を考えて…と繰り返していけば，巡回置換に現れる文字の並びは，それぞれの軌道に一致せざるを得ないからである。

以上のことは，次のように素直に一般化される。一般に，2つの巡回置換 $\sigma = (i_1\ i_2\ \cdots\ i_k)$ と $\tau = (j_1\ j_2\ \cdots\ j_l)$ について，σ に現れる文字 $i_1, i_2, \cdots, i_k$ と τ に現れる文字 $j_1, j_2, \cdots, j_l$ の中に共通の文字がないとき，これらの巡回置換は**互いに素**であるという。

命題 2.3.1（互いに素な巡回置換の積への分解）

任意の置換 σ は，どの2つも互いに素であるような，有限個の巡回置換の積

$$(i_{11}\ i_{12}\ \cdots\ i_{1k_1})(i_{21}\ i_{22}\ \cdots\ i_{2k_2})\ \cdots\ (i_{r1}\ i_{r2}\ \cdots\ i_{rk_r})$$

の形に，（積の順序を除いて）一意的に書けることを示せ。

証明は，上でやったことを一般的にするだけである。すなわち，

● 最初になんでもよいからひとつの文字 i_{11} をとって，その σ による軌道を求める。軌道が

$$i_{11} \overset{\sigma}{\longmapsto} i_{12} \overset{\sigma}{\longmapsto} \cdots \overset{\sigma}{\longmapsto} i_{1k_1} \overset{\sigma}{\longmapsto} i_{11}$$

となっているなら，巡回置換 $(i_{11}\ i_{12}\ \cdots\ i_{1k_1})$ を考える。

● 上で現れなかった文字 i_{21} を任意にとり，同じく σ による軌道

$$i_{21} \overset{\sigma}{\longmapsto} i_{22} \overset{\sigma}{\longmapsto} \cdots \overset{\sigma}{\longmapsto} i_{2k_2} \overset{\sigma}{\longmapsto} i_{21}$$

を求め，対応する巡回置換 $(i_{21}\ i_{22}\ \cdots\ i_{2k_2})$ をとる。

● 今までに現れなかった文字 i_{31} をとり，同様に考える。これを文字がつくされるまで繰り返す。

σ はこうして得られた巡回置換の積に等しい。

n 個の文字の置換 σ は，このようにして，長さ $k_1, k_2, \cdots, k_r$ の巡回置換の積に分解される。このとき，積の因子を入れ換えれば，

$$k_1 \geqq k_2 \geqq \cdots \geqq k_r, \quad k_1 + k_2 + \cdots + k_r = n$$

とできる[※2]。つまり，$k_1, k_2, \cdots, k_r$ は n の**分割**を与えている。

定義 2.3.2（置換の型）

上のようにして決まる n の分割 $(k_1, k_2, \cdots, k_r)$ を，置換 σ の**型**という。

例えば，上で考察した置換 $\sigma = \begin{pmatrix} 1 & 2 & 3 & 4 & 5 & 6 & 7 \\ 5 & 7 & 6 & 4 & 2 & 3 & 1 \end{pmatrix}$ の型は $(4, 2, 1)$ である。

演習問題 5-7 次の置換を互いに素な巡回置換の積に分解し，その型を求めよ。また，符号も求めよ。

(1) $\begin{pmatrix} 1 & 2 & 3 & 4 \\ 2 & 4 & 3 & 1 \end{pmatrix}$　(2) $\begin{pmatrix} 1 & 2 & 3 & 4 & 5 \\ 3 & 5 & 4 & 1 & 2 \end{pmatrix}$　(3) $\begin{pmatrix} 1 & 2 & 3 & 4 & 5 & 6 \\ 4 & 5 & 2 & 1 & 3 & 6 \end{pmatrix}$

演習問題 5-8 任意の置換は互換の積に書けることを示せ。

演習問題 5-9 演習問題 5-7 の置換を，それぞれ互換の積に分解せよ。

2.4　対称群の正規部分群

例 1.3.3 で見たように，S_n における内部自己同型 i_τ は，各置換 σ を「その表示に現れる文字を τ で置換する」という形で作用する。すなわち，

$$i_\tau((i_1\, i_2 \cdots i_k)) = (\tau(i_1)\, \tau(i_2) \cdots \tau(i_k))$$

[※2] 例えば，$k_r = 1$（長さ 1 の巡回置換）のような，無駄な表示もする。

である。よって，内部自己同型は巡回置換の長さを変えない。

また，内部自己同型は準同型なので，積を保つ。すなわち，

$$i_\tau(\sigma_1\sigma_2\cdots\sigma_r)=i_\tau(\sigma_1)i_\tau(\sigma_2)\cdots i_\tau(\sigma_r)$$

以上より，内部自己同型は置換の型を変えないことがわかる。

もし，N が S_n の正規部分群であり，$\sigma\in N$ の型が $(k_1, k_2, \cdots, k_r)$ ならば，N は任意の $\tau\in S_n$ について $i_\tau(\sigma)$ を含まなければならないから，N は型が $(k_1, k_2, \cdots, k_r)$ であるすべての置換を含まなければならない。これより，次の定理が導かれる。

定理 2.4.1（対称群の正規部分群）

対称群 S_n の部分群 N が正規部分群であるための必要十分条件は，次が成立することである。

● 任意の $\sigma\in N$ について，σ と同じ型をもつ置換はすべて N に属する（すなわち，N は「同じ型」についても閉じている）。

証明 題意の条件が必要条件であることは，すでに述べた。題意の条件が十分条件であることは，内部自己同型が置換の型を不変にすることから，明らかである。 □

注意 2.4.2

一般に，群 G および $a\in G$ について，部分集合 $\{i_g(a)\mid g\in G\}$（すなわち，a と共役な要素全体）を a の**共役類**という。部分群 $N<G$ が G の正規部分群であるための必要十分条件は，N がその各要素の共役類をすっぽり含んでいること，すなわち，共役類の和集合になっていることである。対称群 S_n においては，共役類は n の分割型 $(k_1, k_2, \cdots, k_r)$ $(k_1\geq k_2\geq\cdots\geq k_r\geq 1,\ k_1+k_2+\cdots+k_r=n)$ と1対1に対応しているので，定理 2.4.1 が成り立つわけである。

演習問題 5-10 次を確かめよ。

(1) $N = \{e, (1\ 2\ 3), (1\ 3\ 2)\} \triangleleft S_3$

(2) $K = \{e, (1\ 2)(3\ 4), (1\ 3)(2\ 4), (1\ 4)(2\ 3)\} \triangleleft S_4$

3 正規部分群と剰余群

この節では，正規部分群によるコセット分解を考えよう。普通の部分群の場合と違って，正規部分群によるコセット分解は自然に群になることが，ここではとても重要である。

3.1 剰余群

$N \triangleleft G$ である，つまり N が G の正規部分群であるとき，N による左コセットの全体がなす集合 G/N（第 4 章 3.2 節参照）を考えよう。ここには，次のようにして二項演算を定めることができる。

$$aN \cdot bN = abN \tag{$*$}$$

この二項演算の定め方は，それがあっけないくらいに簡単なものなので，なぜことさらに N を正規部分群にしなければならないのか，ただの部分群では何がいけないのか，正規部分群に限定しないで，普通の部分群による左コセットに対しても，同じように定義してしまえばいいではないか，と思われることであろう。しかし，実はここには微妙な落とし穴がある。

ここで問題なのは，一般に左コセット aN の表示方法は一通りではない，ということである。すなわち，a と a' が異なっていても $aN = a'N$ となることはあり得るということだ。よって，$aN = a'N$，$bN = b'N$ であるときに $abN = a'b'N$ でないと，（$*$）で演算を整合的に定義できないことになってしまう。よって，上のように演算が定義されることを保証するには，次のことを証明しなければならない。

補題 3.1.1

$N \triangleleft G$ として，$aN = a'N$, $bN = b'N$ $(a, a', b, b' \in G)$ とする。このとき，$abN = a'b'N$ である。

証明 $aN = a'N$ より $a^{-1}a' \in N$ である。同様に $b^{-1}b' \in N$ である。このとき，

$$(ab)^{-1}a'b' = b^{-1}a^{-1}a'b' = b^{-1}(a^{-1}a')b \cdot b^{-1}b' \qquad (**)$$

ここで $a^{-1}a' \in N$ で，N は正規部分群なので $b^{-1}(a^{-1}a')b \in N$ である。さらに，$b^{-1}b' \in N$ なので，$(**)$ は N に入る。よって，$abN = a'b'N$ であることが示された。　　　　　　　　　　　　　　　　　　　　□

　よって，N が G の正規部分群であるとき，$(*)$ によって N による左コセットの全体がなす集合 G/N には演算が入る。しかし，一般に正規とは限らない部分群 H に対して，たとえ $aH = a'H$ で $bH = b'H$ であっても，$abH = a'b'H$ とは限らない。よって，この場合には左コセットの集合 G/H には，$(*)$ のように二項演算を入れようと思っても，その定義自体が aH, bH などのコセットの表示の仕方に依存しているので，実は定義になっていないのである。見かけ上は定義になっているようで，実は（整合的でないので）定義になっていない（かもしれない）。このような，ちょっと微妙な事態が，ここでは起こっている。そして，それでもなお，ちゃんと定義になっているのだということを保証するのが，部分群 N が正規であるという性質なのである。

注意 3.1.2（"Well-defined"）

このように，見かけ上の定義が，整合的になっていて，本当に定義になっているということを，業界用語で「well-defined である」と言ったりする。これはしばしば耳にする用語であるが，字義通りに「よく定義されている」という意味ではないので注意が必要である。問題なのは，定義の良し悪しではない。「定義になっているか否か」が問題

なのである。

$N \triangleleft G$ のとき，ひとたび（＊）によって G/N に二項演算が定義されてしまうと，以下に示すように，これは群の公理（第4章定義1.1.1）を満たす。

(a) $(aNbN)cN = aN(bNcN) \ (= abcN)$
(b) $eN = N$ が単位元
(c) aN の逆元は $a^{-1}N$

こうして G/N は群になる。この群を，G の N による**剰余群**あるいは**商群**という。

ラグランジュの定理（第4章系3.3.2）より，G が有限群なら，G/N はその位数が $|G|/|N|$ の有限群になる。

─**例3.1.3**─

第4章例1.2.4で導入した，剰余の数の群 $\mathbb{Z}/n\mathbb{Z}$ は，整数のなす加法群 $\mathbb{Z}$ の正規部分群 $n\mathbb{Z}$（n の倍数全体のなす部分群）による剰余群に他ならない。（$\mathbb{Z}$ はアーベル群なので，すべての部分群が正規部分群である。）

─**注意3.1.4**─

G がアーベル群なら，任意の部分群は正規部分群であり，その剰余群もまたアーベル群である。

3.2　標準的射影と準同型定理

$N \triangleleft G$ のとき，$\pi : a \mapsto aN$ によって写像

$$\pi : G \longrightarrow G/N$$

が定まる。$\pi(ab) = abN = aNbN = \pi(a)\pi(b)$ なので，これは準同型である。

また，次が成り立つ。

$$\pi(G) = G/N, \quad \ker(\pi) = N$$

この π を**標準的準同型**，あるいは**標準的射影**という。

$f : G \to G'$ を群準同型として，$N = \ker(f)$ とする。N は G の正規部分群である（定理 1.4.3）ので，剰余群 $G/N = G/\ker(f)$ を考えることができる。このとき，任意のコセット $\overline{a} = aN \in G/N$ に対して，

$$\overline{f}(\overline{a}) = f(a)$$

として，写像 $\overline{f} : G/N \to G'$ が定まる。ここでも重要なのは（3.1 節と同様に），これが定義になっているかどうか（つまり「well-defined」性）が問題になることである。つまり，見かけ上この定義はコセットの表示「aN」に依存しているように見えるが，実はそうではないこと，すなわち，次を確かめることである。

$$aN = bN \implies f(a) = f(b)$$

実際，$aN = bN$ なら，$b^{-1}aN = N$ すなわち $b^{-1}a \in N = \ker(f)$ である。よって，$e' = f(b^{-1}a) = f(b)^{-1}f(a)$ なので $f(a) = f(b)$ となる。

こうして定まった写像

$$\overline{f} : G/N \longrightarrow G' \quad (\overline{a} = aN \longmapsto f(a))$$

は，

$$\overline{f}(\overline{a}\,\overline{b}) = \overline{f}(abN) = f(ab) = f(a)f(b) = \overline{f}(\overline{a})\overline{f}(\overline{b})$$

より，群準同型である。

次の定理は，群論を含めた抽象的な代数学において基本的な構造定理の，ひとつの型（群論バージョン）である。

定理 3.2.1（準同型定理）

$f : G \to G'$ を群準同型とする。このとき，$\overline{f} : G/\ker(f) \to G'$ は単

射である。よって，特に $\overline{f}: G/\ker(f) \to f(G)$ は群同型である。

証明 例題 1.2.5 より，$\overline{f}$ の核 $\ker(\overline{f})$ が単位元のみからなる部分群であることを示せばよい。$N = \ker(f)$ として，$aN \in \ker(\overline{f})$ とすると，$f(a) = e'$ なので，$a \in N = \ker(f)$ である。よって，$aN = N = eN = \overline{e}$ である。よって，$\ker(\overline{f}) = \{\overline{e}\}$ であり，よって $\overline{f}$ は単射である。 $\square$

例 3.2.2

$N = \{e, (1\ 2\ 3), (1\ 3\ 2)\} \triangleleft S_3$ について，S_3/N は位数 2 の群である。ここで $N = A_3$（3 次交代群）であることに注意。一般に $n \geqq 2$ のとき，交代群 A_n は S_n の指数 2 の正規部分群（定理 2.2.5）なので，剰余群 S_n/A_n は位数 2 の群である。2 は素数なので，位数 2 の群はすべて巡回群 $\mathbb{Z}/2\mathbb{Z}$ に同型である。よって，$S_n/A_n \cong \mathbb{Z}/2\mathbb{Z}$ である。

3.3 例：S_4/K

S_4 の部分群 K を $K = \{e, (1\ 2)(3\ 4), (1\ 3)(2\ 4), (1\ 4)(2\ 3)\}$[※3] とするとき，$S_4/K$ は位数 6 の群である。実は，この群は S_3 に同型である。以下，このことを準同型定理（定理 3.2.1）を用いて，確かめてみよう。

4 つの文字 1, 2, 3, 4 を 2 つずつの組に分ける分け方を考えよう。例えば，1, 2 で組をつくって 3, 4 で組をつくるという分け方を $[12 \mid 34]$ と書くことにすると，分け方だけに注目しているので

$$[12 \mid 34] = [34 \mid 12] = [21 \mid 34] = [34 \mid 21]$$
$$= [12 \mid 43] = [43 \mid 12] = [21 \mid 43] = [43 \mid 21]$$

が成り立つ。この記号で書けば，1, 2, 3, 4 を 2 つずつの組に分ける分け方は，次の 3 つだけである。

※3 この群はクラインの四元群（83 ページで既出）に同型である。

$$[12\,|\,34], \quad [13\,|\,24], \quad [14\,|\,23]$$

この記号を，それぞれ A, B, C と書くことにする。このとき，4つの文字 1, 2, 3, 4 の置換 $\sigma \in S_4$ は，

$$[12\,|\,34] \overset{\sigma}{\to} [\sigma(1)\sigma(2)\,|\,\sigma(3)\sigma(4)]$$
$$[13\,|\,24] \overset{\sigma}{\to} [\sigma(1)\sigma(3)\,|\,\sigma(2)\sigma(4)]$$
$$[14\,|\,23] \overset{\sigma}{\to} [\sigma(1)\sigma(4)\,|\,\sigma(2)\sigma(3)]$$

によって，3つの文字 A, B, C の置換を引き起こす。

例 3.3.1

例えば，$\sigma = (1\,2\,3\,4)$ とすると，

$$A = [12\,|\,34] \overset{\sigma}{\to} [23\,|\,41] = C$$
$$B = [13\,|\,24] \overset{\sigma}{\to} [24\,|\,31] = B$$
$$C = [14\,|\,23] \overset{\sigma}{\to} [21\,|\,34] = A$$

であるから，引き起こされた A, B, C の置換は互換 $(A\ C)$（A と C の入れ換え）である。

こうして，S_4 の要素（1, 2, 3, 4 の置換）から S_3 の要素（A, B, C の置換）をつくることができた。言い換えれば，これによって写像

$$f : S_4 \longrightarrow S_3$$

ができた。

この写像 f は群準同型である。実際，$\sigma, \tau \in S_4$ について，例えば

$$[12\,|\,34] \overset{\sigma}{\to} [\sigma(1)\sigma(2)\,|\,\sigma(3)\sigma(4)] \overset{\tau}{\to} [\tau(\sigma(1))\tau(\sigma(2))\,|\,\tau(\sigma(3))\tau(\sigma(4))]$$

は，

$$[12\,|\,34] \overset{\tau\sigma}{\to} [\tau(\sigma(1))\tau(\sigma(2))\,|\,\tau(\sigma(3))\tau(\sigma(4))]$$

と結果が同じである。

また，f の核 $\ker(f)$ は

$$K = \{e,\ (1\ 2)(3\ 4),\ (1\ 3)(2\ 4),\ (1\ 4)(2\ 3)\}$$

である。実際，例えば，$\sigma = (1\ 2)(3\ 4)$ については

$$A = [12\,|\,34] \overset{\sigma}{\leadsto} [21\,|\,43] = A$$
$$B = [13\,|\,24] \overset{\sigma}{\leadsto} [24\,|\,13] = B$$
$$C = [14\,|\,23] \overset{\sigma}{\leadsto} [23\,|\,14] = C$$

となるので，A，B，C は変えない（恒等置換になる）。つまり，$f(\sigma)$ は S_3 の単位元である。$(1\ 3)(2\ 4)$，$(1\ 4)(2\ 3)$ についても同様である。これら以外の置換 $\sigma \in S_4$ については，A，B，C の自明でない置換が引き起こされる（確かめよ）。

もう少し計算を進めると，

$$f((1\ 2)) = (B\ C),\ f((2\ 3)) = (A\ B),\ f((2\ 4)) = (A\ C)$$
$$f((2\ 3\ 4)) = (A\ B\ C),\ f((2\ 4\ 3)) = (A\ C\ B)$$

がわかる。特に f は全射であることがわかる。

以上より，準同型定理（定理 3.2.1）から，同型

$$S_4 / K \cong S_3$$

がわかる。

第6章　ガロア拡大とガロア群

　ガロア理論には「ガロア理論の基本定理」と呼ばれる，もっとも中心的な定理がある。この章では，この「ガロア理論の基本定理」を次章以降で述べるために必要不可欠な概念であるガロア拡大の概念と，ガロア群について学修しよう。ガロア群については，すでに第3章で，ある程度詳しい説明を行った。ガロア群は一般に，ガロア拡大に対して定義できる概念である。

1　体の自己同型

1.1　体の準同型

　まず最初に，第3章定義 2.3.2 で定義した体の自己同型という概念を一般化して，一般の体と体の間の写像について，さまざまな概念を定義しておきたい。

定義 1.1.1（体の準同型）

体 L から体 L' への**準同型**とは，写像 $\varphi: L \to L'$ で，次の条件を満たすものである。

(a) $\varphi(a+b) = \varphi(a) + \varphi(b)$ $(a,\ b \in L)$

(b) $\varphi(ab) = \varphi(a)\varphi(b)$ $(a,\ b \in L)$

(c) $\varphi(1) = 1$

　第3章注意 2.3.3 に述べたことと同様に，次のことがわかる。もし体の準同型 $\varphi: L \to L'$ が全単射ならば，逆写像 φ^{-1} もまた体の準同型である。このとき，φ は体の同型と呼ばれる。また，体 L から体 L' への**同型**が存在するとき，体 L と体 L' は**同型**であるという。

　群の場合（第5章定義 1.1.5 参照）と同様に，体 L と体 L' が同型であるとき，

抽象的な体論の立場からは区別するべきでない，ある意味「同じ」ものである
とみなされる。

　体の準同型や同型の概念は，次のように精密化される。

定義 1.1.2（K 上の準同型）

体 L と体 L' が，共通の体 K の拡大体であるとする。このとき，L
から L' への **K 上の準同型**とは，体の準同型 $\varphi : L \to L'$ で，次の条
件を満たすものである。

(d) 任意の $a \in K$ について，$\varphi(a) = a$

　つまり，「K 上の準同型」とは，K の各要素を固定するような準同型のこと
である。もちろん，φ が K 上の準同型であり，かつ体の同型ならば，逆写像も
K 上の準同型である。このような φ を **K 上の同型**という。また，体 L から体
L' への K 上の同型が存在するとき，体 L と体 L' は **K 上同型**であるという。
　第 3 章例題 2.3.4 では，有理数体 $\mathbb{Q}$ の自己同型は恒等写像しかないことを見
た。これと同様に考えれば，次のこともわかる。

例題 1.1.3

L と L' が $\mathbb{Q}$ の拡大体であるとする。このとき，任意の準同型 $\varphi : L$
$\to L'$ は，$\mathbb{Q}$ 上の準同型である。

解　$\varphi(1) = 1$ であることから，第 3 章例題 2.3.4 と同様に，任意の整数 n に
ついても $\varphi(n) = n$ がわかる。さらに，同様にして

$$\varphi\left(\frac{n}{m}\right) = \frac{\varphi(n)}{\varphi(m)} = \frac{n}{m}$$

もわかる。よって，φ は任意の $a \in \mathbb{Q}$ を $\varphi(a) = a$ に写す。よって φ は $\mathbb{Q}$ 上の
準同型である。　　　　　　　　　　　　　　　　　　　　　　　　　　　□

　L が K の拡大体であるとき，L の **K 上の自己同型**を考えることが必要にな

る場面が多い。L の K 上の自己同型とは，L の自己同型 $\varphi : L \xrightarrow{\sim} L$ で，K 上の準同型になっているもの，すなわち，K の各要素を固定するものである。

定義 1.1.4（体の自己同型群）

L/K を体の拡大とするとき，L の K 上の自己同型全体を

$$\mathrm{Aut}(L/K)$$

と書く。

$\mathrm{Aut}(L/K)$ は写像の合成を積として群となる。これを L の **K 上の自己同型群** という。第 3 章定義 2.3.5 では，$\mathbb{Q}$ の拡大体 K に対して，その自己同型群 $\mathrm{Aut}(K)$ を定義したが，例題 1.1.3 からわかるように，これは $\mathrm{Aut}(K/\mathbb{Q})$ と同じものである。

例 1.1.5（複素共役）

任意の複素数 $\alpha = a + bi$ $(a,\ b \in \mathbb{R})$ に対して，その複素共役 $\overline{\alpha} = a - bi$ を対応させる写像

$$\mathbb{C} \longrightarrow \mathbb{C} \quad (\alpha \longmapsto \overline{\alpha})$$

は，次を満たすので体の同型である。
(a) $\overline{\alpha + \beta} = \overline{\alpha} + \overline{\beta}$ $(a,\ \beta \in \mathbb{C})$
(b) $\overline{\alpha\beta} = \overline{\alpha}\ \overline{\beta}$ $(a,\ \beta \in \mathbb{C})$
(c) $\overline{1} = 1$
しかも，任意の実数を固定する。
(d) $\overline{a} = a$ $(a \in \mathbb{R})$
よって，複素共役を与える写像は，複素数体 $\mathbb{C}$ の $\mathbb{R}$ 上の自己同型である。

1.2 代数閉体と代数閉包

すでに第1章2.4節で述べたように，その体の上の任意の（定数でない）多項式がその中で解をもつような体を**代数閉体**という。

定義 1.2.1（代数閉体）

K を体とする。K 上の定数でない任意の多項式 $f(x) \in K[x]$ に対し，$f(\alpha) = 0$ となる $\alpha \in K$ が必ず存在するとき，K は**代数閉体**であるという。

代数学の基本定理（第1章定理2.4.1）は，複素数体 $\mathbb{C}$ が代数閉体であることを主張する定理である。

K が代数閉体で，$f(x) \in K[x]$ を K 上の定数でない任意の多項式とする。このとき，$f(\alpha_1) = 0$ となる $\alpha_1 \in K$ が存在するから，$f(x)$ は $x - \alpha_1$ で割り切れる。

$$f(x) = (x - \alpha_1)g(x)$$

$g(x)$ が定数でないなら，これも K の中に解をもつので $g(x) = (x - \alpha_2)h(x)$ という形になる。よって，

$$f(x) = (x - \alpha_1)(x - \alpha_2)h(x)$$

という形に因数分解できる。$h(x)$ が定数でないなら，さらに因数分解できる。この手順を繰り返すと，最終的に $f(x)$ は次のように，K 上の1次式の積の形にまで因数分解される。

$$f(x) = a(x - \alpha_1)(x - \alpha_2) \cdots (x - \alpha_d) \tag{$*$}$$

ここで，定数 a および $\alpha_1, \alpha_2, \cdots, \alpha_d$ はすべて K の要素であり，1次因子の個数 d は $f(x)$ の次数である。すなわち，K が代数閉体ならば，K 上の定数でない任意の多項式は K 上で1次式の積の形にまで因数分解される。逆に，任意の多項式 $f(x) \in K[x]$ が（$d = 0$，すなわち $f(x)$ が定数の場合も含めて）

（＊）の形に分解されるなら，K は代数閉体である。

　K が一般の体であるときに，K を部分体として含む代数閉体は存在するだろうか。もしそのような代数閉体 Ω が存在するなら，K 上の任意の（定数でない）多項式は，K では根をもたないかもしれないが，Ω では根をもつ。だから，K を含む代数閉体が存在すれば，なにかと便利だろう。

　K を含む代数閉体は，特に K 上の多項式のすべての根を含む。だから，代数閉体で，しかも K 上代数的な拡大が存在すれば，それは K を含む代数閉体のなかで「最小のもの」とみなすことができる。

定義 1.2.2（代数閉包）

体 K の拡大体 L で次の条件を満たすものを，K の**代数閉包**という。

（a）L/K は代数拡大である。

（b）L は代数閉体である。

定理 1.2.3（代数閉包の存在）

　K を任意の体とするとき，K の代数閉包は存在し，しかも K 上の同型を除いて一意的である。

　この定理の証明はここでは省略する[※1]。最後の「K 上の同型を除いて一意的」というのは，次の意味である：L と L' がどちらも K の代数閉包であるとするとき，L と L' は K 上同型である。すなわち，K 上の同型 $\varphi : L \to L'$ が存在する。体が同型ならば，体論の立場からは事実上「同じようなもの」とみなせるわけだったので，「K 上の同型を除いて一意的」とは，事実上はひとつしかないという感じのことを意味しているわけである。

1.3　自己同型と共役

　共役という言葉は，すでにさまざまな場面で出てきている。例えば，複素数

※1　例えば，桂利行『代数学 III　体とガロア理論』定理 1.4.7 を参照。

に対して定義される「複素共役」や，群の要素に対して定義される「共役」（第5章定義 1.3.2）などである。ここでは，体の要素に対して「共役」の概念を定義する。これは，複素数の場合の「複素共役」の一般化である。

命題 1.3.1

E/K を体の拡大とし，$\alpha, \beta \in E$ を K 上代数的な要素とする。このとき，次の 2 条件は同値である。

(a) β は α の K 上の最小多項式の根である。

(b) α の K 上の最小多項式と β の K 上の最小多項式は一致する。

証明 以下，α の K 上の最小多項式を $p(x) \in K[x]$ とし，β の K 上の最小多項式を $q(x) \in K[x]$ とする。

(a) $\Rightarrow$ (b) を証明しよう。仮定から，$p(\beta) = 0$ である。最小多項式の性質（第 2 章定理 2.1.2）より，$p(x)$ は $q(x)$ で割り切れる。しかし，$p(x)$ は K 上既約であり，$q(x)$ は定数ではないので，$p(x)$ と $q(x)$ は定数倍をのぞいて一致するが，両者ともモニックなので $p(x) = q(x)$ である。

(b) $\Rightarrow$ (a) は明らかである。 □

定義 1.3.2（共役）

命題 1.3.1 の条件 (a)，(b) のうちのひとつ（よって，すべて）が満たされるとき，α と β は K 上**共役**であるという。

例 1.3.3（複素共役）

拡大 $\mathbb{C}/\mathbb{R}$ を考えよう。任意の $\alpha = a + bi \in \mathbb{C}$ $(a, b \in \mathbb{R})$ について，$b \neq 0$ ならば，α の最小多項式は

$$p(x) = x^2 - 2ax + a^2 + b^2$$

である（実際，$p(x)$ は $\mathbb{R}$ 上の 2 次多項式であり，$b \neq 0$ ならば実数

解をもたないので $\mathbb{R}$ 上既約である）。$p(x)$ の解は α と $\overline{\alpha} = a - bi$ であるから，複素数における複素共役という概念は，$\mathbb{R}$ 上共役ということに他ならない。

例 1.1.5 で見たように，複素数に対してその複素共役を対応させる写像は $\mathbb{C}$ の自己同型であり，しかも $\mathbb{R}$ 上の自己同型である。一般に，体 K 上の共役と K 上の自己同型の間には，以下のような重要な関係がある。

---**命題 1.3.4**（自己同型と共役）-------

E/K を体の拡大とし，$\alpha \in E$ を K 上代数的とする。このとき，任意の $\varphi \in \mathrm{Aut}(E/K)$ について，$\varphi(\alpha)$ は α の K 上の共役である。

証明 α の K 上の最小多項式（第 2 章定義 2.1.3）を $p(x)$ とする。

$$p(x) = x^n + a_1 x^{n-1} + \cdots + a_{n-1} x + a_n \quad (a_1, a_2, \cdots, a_n \in K)$$

$p(\alpha) = 0$ なので，

$$
\begin{aligned}
0 = \varphi(p(\alpha)) &= \varphi(\alpha^n + a_1 \alpha^{n-1} + \cdots + a_{n-1}\alpha + a_n) \\
&= \varphi(\alpha)^n + \varphi(a_1)\varphi(\alpha)^{n-1} + \cdots + \varphi(a_{n-1})\varphi(\alpha) + \varphi(a_n) \\
&= \varphi(\alpha)^n + a_1 \varphi(\alpha)^{n-1} + \cdots + a_{n-1}\varphi(\alpha) + a_n \\
&= p(\varphi(\alpha))
\end{aligned}
$$

これは $\varphi(\alpha)$ も $p(x)$ の根であること，すなわち，α の K 上の共役であることを示している。 □

1.4 自己同型の計算例

---**例題 1.4.1**（復習：第 3 章例題 2.3.6）-------

$\mathrm{Aut}(\mathbb{Q}(\sqrt{2})/\mathbb{Q}) \cong S_2$ を示せ。

解 $\mathbb{Q}(\sqrt{2})$ の任意の要素は

$$a + b\sqrt{2} \quad (a,\ b \in \mathbb{Q})$$

の形である。φ が $\mathbb{Q}(\sqrt{2})$ の $\mathbb{Q}$ 上の自己同型とすると，φ は $\mathbb{Q}$ の要素を不変にするので，

$$\varphi(a + b\sqrt{2}) = \varphi(a) + \varphi(b)\varphi(\sqrt{2}) = a + b\varphi(\sqrt{2})$$

となり，$\varphi(\sqrt{2})$ によって行き先は決まる。$\varphi(\sqrt{2})$ は $\sqrt{2}$ の $\mathbb{Q}$ 上共役なので，

$$\varphi(\sqrt{2}) = \sqrt{2} \quad \text{または} \quad \varphi(\sqrt{2}) = -\sqrt{2}$$

前者の場合，

$$\varphi(a + b\sqrt{2}) = a + b\sqrt{2}$$

となるので，$\varphi = \mathrm{id}$ である。後者の場合は

$$\varphi(a + b\sqrt{2}) = a - b\sqrt{2}$$

となる。後者の φ を σ とおく。このとき，$\sigma^2 = \mathrm{id}$ である。以上より，

$$\mathrm{Aut}(\mathbb{Q}(\sqrt{2})/\mathbb{Q}) = \{\mathrm{id}, \sigma\}, \quad \sigma^2 = \mathrm{id}$$

で，これは S_2 に同型である。 □

要約すると，ここで起こっていることは，$\mathbb{Q}(\sqrt{2})/\mathbb{Q}$ の $\mathbb{Q}$ 上の自己同型とは，$\sqrt{2}$ の $\mathbb{Q}$ 上の最小多項式 $x^2 - 2$ の 2 つの根の置換から決まっているということだ。だから 2 通りしかなくて，それは置換群になるのである。ここにガロア理論の考え方のひとつのキモがある。つまり，「（代数拡大）体の自己同型」という物々しい概念は，つまるところ「根の置換」なのであるということだ。

しかし，（重要なことだが）このようなことは，いかなる代数拡大でも成り立つというわけではない。例えば，次の例を見てみよう。

---例題 1.4.2---

$\mathrm{Aut}(\mathbb{Q}(\sqrt[3]{2})/\mathbb{Q}) = \{\mathrm{id}\}$ を示せ。

解 $\sqrt[3]{2}$ の $\mathbb{Q}$ 上の最小多項式は $p(x) = x^3 - 2$ であるから，その $\mathbb{Q}$ 上の共役は

$$\sqrt[3]{2}, \quad \omega\sqrt[3]{2}, \quad \omega^2\sqrt[3]{2} \qquad\qquad (*)$$

（ただし，ω は $x^2 + x + 1 = 0$ の解のひとつ）である。$\mathbb{Q}(\sqrt[3]{2})$ の任意の要素は

$$a + b\sqrt[3]{2} + c\sqrt[3]{2}^2 \quad (a, \ b, \ c \in \mathbb{Q})$$

の形である。よって，任意の $\varphi \in \mathrm{Aut}(\mathbb{Q}(\sqrt[3]{2})/\mathbb{Q})$ は，$\sqrt[3]{2}$ の行き先 $\varphi(\sqrt[3]{2})$ で決まる。$\varphi(\sqrt[3]{2})$ の可能性は $(*)$ の3つであるが，このうち，$\omega\sqrt[3]{2}$ と $\omega^2\sqrt[3]{2}$ は（例えば，実数でないので）$\mathbb{Q}(\sqrt[3]{2})$ に属さない。よって，$\varphi(\sqrt[3]{2}) = \sqrt[3]{2}$ となるが，これは $\varphi = \mathrm{id}$ であることを意味している。 □

　この例では，$\mathbb{Q}(\sqrt[3]{2})/\mathbb{Q}$ の自己同型群は $\sqrt[3]{2}$ の $\mathbb{Q}$ 上の共役（＝ 最小多項式の根）の置換群に同型ではない。その原因は，$\sqrt[3]{2}$ の $\mathbb{Q}$ の共役のうち，$\omega\sqrt[3]{2}$ と $\omega^2\sqrt[3]{2}$ は $\mathbb{Q}(\sqrt[3]{2})$ に含まれないからである。逆に言えば，これらを含めた拡大体をとれば，その自己同型群は見事に共役の置換群になる。

---例題 1.4.3---

$\mathrm{Aut}(\mathbb{Q}(\sqrt[3]{2}, \omega)/\mathbb{Q}) = S_3$ を示せ。

解 $\sqrt[3]{2}$ の $\mathbb{Q}$ 上の共役は

$$\sqrt[3]{2}, \quad \omega\sqrt[3]{2}, \quad \omega^2\sqrt[3]{2} \qquad\qquad (**)$$

であり，ω の $\mathbb{Q}$ 上の共役は

$$\omega, \quad \omega^2$$

である。これより，

[1] $\mathrm{Aut}(\mathbb{Q}(\sqrt[3]{2}, \omega)/\mathbb{Q})$ の要素は（＊＊）の 3 つの数を置換する。

$\mathrm{Aut}(\mathbb{Q}(\sqrt[3]{2}, \omega)/\mathbb{Q})$ の要素 σ, τ を次で定義する。

$$\sigma : \begin{cases} \sqrt[3]{2} \mapsto \omega\sqrt[3]{2} \\ \omega \mapsto \omega \end{cases} \qquad \tau : \begin{cases} \sqrt[3]{2} \mapsto \sqrt[3]{2} \\ \omega \mapsto \omega^2 \end{cases}$$

このとき，

[2] $\mathrm{Aut}(\mathbb{Q}(\sqrt[3]{2}, \omega)/\mathbb{Q})$ の要素は σ と τ の有限個の積の形である。

計算すると，$\sigma^3 = \tau^2 = 1$ はすぐにわかる（id を 1 で表した）。$\sigma\tau$ を計算すると，

$$\sigma\tau : \begin{cases} \sqrt[3]{2} \mapsto \omega\sqrt[3]{2} \\ \omega \mapsto \omega^2 \end{cases}$$

$(\sigma\tau)^2$ を考えると，

$$\sqrt[3]{2} \xrightarrow{\sigma\tau} \omega\sqrt[3]{2} \xrightarrow{\sigma\tau} \omega^2 \cdot \omega\sqrt[3]{2} = \sqrt[3]{2} \quad \omega \xrightarrow{\sigma\tau} \omega^2 \xrightarrow{\sigma\tau} \omega$$

なので，$(\sigma\tau)^2 = 1$ である。$1 = \sigma\tau\sigma\tau$ の両辺に σ^2 を左からかけて，$\sigma^2 = \tau\sigma\tau$，さらに τ を右からかけて，

$$\sigma^2\tau = \tau\sigma \qquad\qquad (\dagger)$$

（†）から σ の左にある τ を右にもってくることができるので，[2] より

[3] $\mathrm{Aut}(\mathbb{Q}(\sqrt[3]{2}, \omega)/\mathbb{Q})$ の要素は

$$\sigma^i\tau^j \quad (i = 0, 1, 2, \ j = 0, 1)$$

の形になる。特に，その要素の個数は 6 個以下である。

それぞれに（＊＊）の置換として表示すると

$$\mathrm{id} \leftrightarrow 1 \quad \sigma \leftrightarrow (1\,2\,3) \quad \sigma^2 \leftrightarrow (1\,3\,2)$$
$$\tau \leftrightarrow (2\,3) \quad \sigma\tau \leftrightarrow (1\,2) \quad \sigma^2\tau \leftrightarrow (1\,3)$$

となり、これは $\mathrm{Aut}(\mathbb{Q}(\sqrt[3]{2},\omega)/\mathbb{Q})$ の要素の個数がちょうど 6 個であり、（＊＊）の置換を通して、S_3 に同型であることを示している。　　　□

この例では、$\mathbb{Q}(\sqrt[3]{2},\omega)$ の $\mathbb{Q}$ 上の自己同型が、$\sqrt[3]{2}$ の $\mathbb{Q}$ 上の共役の置換に一致している。このように、K 上の共役で閉じている拡大、すなわち代数拡大 L/K で、L の要素の K 上の共役が、また L に入るような拡大は、その自己同型群を考える上で重要な性質をもっている。このような拡大について、次の節では調べることになる。

2　ガロア拡大

2.1　ガロア拡大とガロア群

K を $\mathbb{Q}$ の代数拡大とし、$K \subseteq E$ を代数拡大とする。$G = \mathrm{Aut}(E/K)$ の部分群 H に対して、

$$E^H = \{a \in E \mid \varphi(a) = a \quad (\forall \varphi \in H)\}^{※2}$$

として、これを E の H による**不変体**という。

E^H は E の部分体であり、K を含む。つまり、E/K の中間体である。実際、$a, b \in E^H$ とすると、任意の $\varphi \in H$ について

$$\varphi(a+b) = \varphi(a) + \varphi(b) = a+b, \quad \varphi(ab) = \varphi(a)\varphi(b) = ab$$

だから $a+b$, $ab \in E^H$ である。また、K の要素はそもそも G に属するどんな変換でも不変なのだから、もちろん H で不変である。よって、E/K の中間体というわけだ。

※2　「$\forall$」は「すべての」という意味の記号である。

定義 2.1.1（正規拡大）

$E^G = K$ であるとき，E/K は**正規拡大**または**ガロア拡大**と呼ばれる。また，このとき，

$$\mathrm{Gal}(E/K) = \mathrm{Aut}(E/K)$$

と書いて，E の K 上の**ガロア群**という。

注意 2.1.2

ここでは $\mathbb{Q}$ の拡大体のみを扱っているので，正規拡大はすべてガロア拡大である。しかし，いわゆる「正標数」と呼ばれる性質をもつ体の拡大においては，これは必ずしも成り立たない。すなわち，一般には正規拡大はガロア拡大ではないので，注意が必要である。

例題 2.1.3

$\mathbb{Q}(\sqrt{2})/\mathbb{Q}$ はガロア拡大であることを示せ。

解 $\mathbb{Q}(\sqrt{2})$ の任意の要素は

$$a + b\sqrt{2} \quad (a,\ b \in \mathbb{Q})$$

の形であり，$\mathrm{Aut}(\mathbb{Q}(\sqrt{2})/\mathbb{Q}) = \{\mathrm{id}, \sigma\}$（ただし，$\sigma(\sqrt{2}) = -\sqrt{2}$）であった（例題 1.4.1）。$\sigma(a + b\sqrt{2}) = a - b\sqrt{2}$ なので，$\sigma(a + b\sqrt{2}) = a + b\sqrt{2}$ であるための必要十分条件は，$b = 0$ である。よって，$\mathbb{Q}(\sqrt{2})^G = \mathbb{Q}$（$G = \mathrm{Aut}(\mathbb{Q}(\sqrt{2})/\mathbb{Q})$）なので，$\mathbb{Q}(\sqrt{2})/\mathbb{Q}$ はガロア拡大である。 □

演習問題 6-1 $\mathbb{Q}(\sqrt[3]{2})/\mathbb{Q}$ はガロア拡大でないことを示せ。

140　第 6 章 ガロア拡大とガロア群

2.2 ガロア拡大の構造

1.4節で見たように，K 上の共役で閉じている K の代数拡大はよい性質を
もっている。実は（$\mathbb{Q}$ 上の体については[3]），この性質がガロア拡大を特徴付
けている。

定理 2.2.1（ガロア拡大の特徴付け）

$\mathbb{Q}$ を含む体の有限次代数拡大 $K \subseteq E$ について，以下は同値。

(a) E/K はガロア拡大である（すなわち，$G = \mathrm{Aut}(E/K)$ として
   $E^G = K$）。

(b) 任意の $\alpha \in E$ について，α の K 上の任意の共役は，また E に属
   している。

(c) E は K 上のある多項式 $f(x) \in K[x]$ の最小分解体（第3章定義
   2.1.1）である。

つまり，K 上の有限次代数拡大が「K 上の共役で閉じている」という性質は，
K 上のガロア拡大であるということに一致するということだ。しかも，それ
はなんらかの K 上の多項式の最小分解体であることとも同値である。例えば，
$\mathbb{Q}(\sqrt{2})/\mathbb{Q}$ はガロア拡大であるが，それは $\mathbb{Q}(\sqrt{2})$ が $x^2 - 2$ という $\mathbb{Q}$ 上の多
項式の最小分解体になっているからである。

定理 2.2.1 はガロア理論の定理の中でも重要なものであるが，その証明のた
めには多くの技術的な準備を必要とする。そのため，ここではその完全な証明
は省略せざるを得ない[4]が，感覚をつかむためにも「(a) ⇒ (b)」と「(b) ⇒
(c)」の証明だけは示しておこう。

(a) ⇒ (b) の証明　$\alpha \in E$ として，$p(x)$ を α の K 上の最小多項式とする。任
意の $\sigma \in G$ に対して $\sigma(\alpha)$ は α の K 上の共役である（命題 1.3.4）から，$p(x)$

※3　注意 2.1.2 を参照。
※4　例えば，アルティン『ガロア理論入門』p.76 系および p.80 定理 18，または桂利行『代数学 III　体とガロ
　　ア理論』定理 1.7.9 などを参照。

の根である。よって，特に集合 $X = \{\sigma(\alpha) \mid \sigma \in G\}$ は有限集合である。そこで，$X = \{\alpha_1, \alpha_2, \cdots, \alpha_n\}$ $(\alpha = \alpha_0)$ としよう。任意の $\sigma \in G$ によって $\sigma(\alpha_i)$ はなんらかの α_j に等しい。つまり，σ は集合 $X = \{\alpha_1, \alpha_2, \cdots, \alpha_n\}$ の置換を，したがって番号 $1, 2, \cdots, n$ の置換を引き起こしていることに注意しよう。

次に，E 上のモニック多項式 $f(x)$ を次で定義する。

$$f(x) = (x - \alpha_1)(x - \alpha_2)\cdots(x - \alpha_n)$$

これを展開して，

$$f(x) = x^n + c_1 x^{n-1} + c_2 x^{n-2} + \cdots + c_{n-1}x + c_n \quad (c_1, c_2, \cdots, c_n \in E) \quad (*)$$

となったとしよう。ここで，係数 $c_1, c_2, \cdots, c_n$ は $\alpha_1, \alpha_2, \cdots, \alpha_n$ からたし算・ひき算およびかけ算を組み合わせて計算できる数である。任意の $\sigma \in G$ は E におけるたし算・ひき算およびかけ算をそのまま保つから，

$$(x - \sigma(\alpha_1))(x - \sigma(\alpha_2))\cdots(x - \sigma(\alpha_n))$$

を同様に展開して計算すると，その結果は

$$x^n + \sigma(c_1)x^{n-1} + \sigma(c_2)x^{n-2} + \cdots + \sigma(c_{n-1})x + \sigma(c_n) \qquad (**)$$

となるはずだ。しかし，σ は集合 $X = \{\alpha_1, \alpha_2, \cdots, \alpha_n\}$ の番号付けを入れ換えるだけだから，

$$(x - \alpha_1)(x - \alpha_2)\cdots(x - \alpha_n) = (x - \sigma(\alpha_1))(x - \sigma(\alpha_2))\cdots(x - \sigma(\alpha_n))$$

である。すなわち，多項式 $(*)$ と多項式 $(**)$ は等しいことになる。よって，係数比較して

$$c_i = \sigma(c_i) \quad (i = 1, 2, \cdots, n)$$

ということになる[5]。これが任意の $\sigma \in G$ について成立するから，つまり c_i は $E^G = K$ に入るということだ。

---

[5] あるいは次のように直接議論してもよい。$f(x)$ の係数 $c_1, c_2, \cdots, c_n$ は，その根 $\alpha_1, \alpha_2, \cdots, \alpha_n$ の基本対称式である（解と係数の関係）。よって，それらは根 $\alpha_1, \alpha_2, \cdots, \alpha_n$ の置換に対して不変である。

よって，実は $f(x)$ は K 上の多項式だということになる。しかも，その根はすべて α の K 上の共役であるから，$f(x)$ は $p(x)$ を割り切るモニック多項式である。しかし，$p(x)$ は K 上既約なモニックであるから，よって

$$f(x) = p(x)$$

ということになる。ここから，次のことがわかる。

- $p(x)$ は重根をもたず，その根の集合は $X = \{\alpha_1, \alpha_2, \cdots, \alpha_n\}$ に一致する。
- $\alpha_1, \alpha_2, \cdots, \alpha_n$ は E の要素であるから，$p(x)$ の根はすべて E に属する。

つまり，$\alpha_1, \alpha_2, \cdots, \alpha_n$ は α の K 上の共役のすべてであり，それらはすべて E に属している。すなわち，α の K 上の共役は，また E に属することが示された。 □

(b) ⇒ (c) の証明 E は K 上有限次拡大なので，E は K にいくつかの K 上代数的な元 $\theta_1, \theta_2, \cdots, \theta_s$ を添加して作られた体 $K[\theta_1, \theta_2, \cdots, \theta_s]$ に等しい（62ページ参照）。各 θ_i $(i = 1, 2, \cdots, s)$ の K 上の最小多項式を $p_i(x)$ とすると，E は θ_i の K 上の共役をすべて含むので，$p_i(x)$ は E 上で1次式の積に分解する。$f(x) = p_1(x) p_2(x) \cdots p_s(x)$ とすると，$f(x)$ は E 上で1次式の積に分解するが，$E = K[\theta_1, \theta_2, \cdots, \theta_s]$ は $f(x)$ のすべての根を含む最小の体なので，$f(x)$ の最小分解体である。 □

演習問題 6-2 $\mathbb{Q}(\sqrt[3]{2}, \omega)/\mathbb{Q}$ はガロア拡大であることを示せ。

次章以降では，この定理を含めたガロア理論の重要定理に基づいたさまざまな計算を具体的に行うことによって，これらの定理の意味することを実地で理解できるようにしていきたいと思う。

第7章 ガロア対応（1）

前章での準備に基づいて，この章ではいよいよ「ガロア理論の基本定理」を述べる。この定理は「基本定理」という名前からもわかるように，ガロア理論全体の中でも中核をなす，極めて重要な定理である。この定理で述べられるのは，ガロア拡大の中間体と，対応するガロア群の部分群との間の対応，いわゆる「ガロア対応」である。この章と次の章では，「ガロア理論の基本定理」について詳しく述べ，実際の計算を通して「ガロア対応」をマスターすることを目指す。

1 ガロア理論の基本定理

1.1 【復習】ガロア拡大

E/K を $\mathbb{Q}$ の拡大体による拡大とし，$G = \mathrm{Aut}(E/K)$ とする。E/K がガロア拡大であるとは，E の G による不変体 E^G が K に一致することであった（第6章定義 2.1.1）。また，第6章定理 2.2.1 によれば，E/K がガロア拡大であることは，次のどれとも同値であった。

(a) $E^G = K$（ガロア拡大の定義）
(b) 任意の $\alpha \in E$ について，α の K 上の任意の共役は，また E に属している。
(c) E は K 上のある多項式 $f(x) \in K[x]$ の最小分解体である。

1.2 ガロア拡大の例

そこで，まずはガロア拡大の実際の例についてしっかり計算して，その構造や仕組みを実感してみよう。そのために，次の実例について，詳しい計算を通して現象を観察してみよう。

```
┌─ 例題 1.2.1 ─────────────────────────────
│
│  $E = \mathbb{Q}(\sqrt[3]{2}, \omega)$ とする。$E/\mathbb{Q}$ はガロア拡大であることを，上の(a)〜
│  (c)それぞれの条件によって確かめよ。
│
└──────────────────────────────────────
```

解 (a) （第6章演習問題6-2別解を参照） $G = \mathrm{Aut}(\mathbb{Q}(\sqrt[3]{2}, \omega)/\mathbb{Q})$ として，$E^G = \mathbb{Q}$ であることを確かめる。G の要素 σ, τ を，次で定義する。

$$\sigma : \begin{cases} \sqrt[3]{2} \mapsto \omega\sqrt[3]{2} \\ \omega \mapsto \omega \end{cases} \qquad \tau : \begin{cases} \sqrt[3]{2} \mapsto \sqrt[3]{2} \\ \omega \mapsto \omega^2 \end{cases}$$

このとき，$\sigma^3 = \tau^2 = 1$, $\tau\sigma\tau = \sigma^2$ が成り立つことが確かめられる。第6章例題 1.4.3 の解[3]で見たように，G の要素は

$$\sigma^i \tau^j \quad (i = 0, 1, 2, \ j = 0, 1)$$

の形である。すなわち，G は σ, τ で生成される群である。しかも，

$$
\begin{array}{ccc}
1 & 2 & 3 \\
\updownarrow & \updownarrow & \updownarrow \\
\sqrt[3]{2} & \omega\sqrt[3]{2} & \omega^2\sqrt[3]{2}
\end{array}
$$

と番号付けして，文字 $\{1, 2, 3\}$ の置換として表示すると（第6章例題 1.4.3 で見たように）

$$\mathrm{id} \leftrightarrow 1 \quad \sigma \leftrightarrow (1\,2\,3) \quad \sigma^2 \leftrightarrow (1\,3\,2)$$
$$\tau \leftrightarrow (23) \quad \sigma\tau \leftrightarrow (12) \quad \sigma^2\tau \leftrightarrow (13)$$

となる。よって，G はちょうど6個の要素からなる群であり，S_3 に同型である。

$M = \mathbb{Q}(\omega)$ とする。$\mathbb{Q} \subseteq M \subseteq E$ である。$E = M(\sqrt[3]{2})$ で，$\sqrt[3]{2}$ の M 上の最小多項式は $x^3 - 2$ であるから，E の要素は

$$a + b\sqrt[3]{2} + c\sqrt[3]{2}^{\,2} \quad (a, \ b, \ c \in M)$$

146   第7章 ガロア対応（1）

の形である。特に，E は M 上 3 次元である（第 2 章定理 2.2.5 参照）。

また，ω の $\mathbb{Q}$ 上の最小多項式は x^2+x+1 なので，M の要素は

$$a+b\omega \quad (a,\,b\in\mathbb{Q})$$

の形である。特に，M は $\mathbb{Q}$ 上 2 次元である。よって，E は $\mathbb{Q}$ 上 6 次元であり，E の要素は

$$a+b\omega+c\sqrt[3]{2}+d\omega\sqrt[3]{2}+e\sqrt[3]{2}^{\,2}+f\omega\sqrt[3]{2}^{\,2} \quad (a,\,b,\,c,\,d,\,e,\,f\in\mathbb{Q})$$

の形に一意的に書ける。

これに σ と τ をそれぞれ作用させると，

$$\begin{aligned}
&\sigma(a+b\omega+c\sqrt[3]{2}+d\omega\sqrt[3]{2}+e\sqrt[3]{2}^{\,2}+f\omega\sqrt[3]{2}^{\,2})\\
&=a+b\omega+c\omega\sqrt[3]{2}+d\omega^2\sqrt[3]{2}+e\omega^2\sqrt[3]{2}^{\,2}+f\sqrt[3]{2}^{\,2}\\
&=a+b\omega-d\sqrt[3]{2}+(c-d)\omega\sqrt[3]{2}+(f-e)\sqrt[3]{2}^{\,2}-e\omega\sqrt[3]{2}^{\,2}\\
&\tau(a+b\omega+c\sqrt[3]{2}+d\omega\sqrt[3]{2}+e\sqrt[3]{2}^{\,2}+f\omega\sqrt[3]{2}^{\,2})\\
&=a+b\omega^2+c\sqrt[3]{2}+d\omega^2\sqrt[3]{2}+e\sqrt[3]{2}^{\,2}+f\omega^2\sqrt[3]{2}^{\,2}\\
&=(a-b)-b\omega+(c-d)\sqrt[3]{2}-d\omega\sqrt[3]{2}+(e-f)\sqrt[3]{2}^{\,2}-f\omega\sqrt[3]{2}^{\,2}
\end{aligned}$$

ここで，$\omega^2=-1-\omega$（ω の最小多項式は x^2+x+1 なので）を用いた。これらが $a+b\omega+c\sqrt[3]{2}+d\omega\sqrt[3]{2}+e\sqrt[3]{2}^{\,2}+f\omega\sqrt[3]{2}^{\,2}$ に等しいとすると，係数を比較して $a,\,b,\,c,\,d,\,e,\,f$ についての連立方程式ができる。これを解いて，$b=c=d=e=f=0$ となる。すなわち，$E^G=\mathbb{Q}$（$G=\mathrm{Aut}(E/\mathbb{Q})$）。よって，$E/\mathbb{Q}$ はガロア拡大である。

(b) 任意の $\alpha\in E$ について，α の $\mathbb{Q}$ 上の任意の共役は，また E に属していることを確かめよう。上で見たように，E の任意の要素は

$$1,\ \omega,\ \sqrt[3]{2},\ \omega\sqrt[3]{2},\ \sqrt[3]{2}^{\,2},\ \omega\sqrt[3]{2}^{\,2} \qquad (*)$$

の $\mathbb{Q}$ 上の 1 次結合で書ける。ω の $\mathbb{Q}$ 上の共役は

$$\omega,\ \omega^2=-1-\omega$$

であり，$\sqrt[3]{2}$ の $\mathbb{Q}$ 上の共役は

$$\sqrt[3]{2}, \quad \omega\sqrt[3]{2}, \quad \omega^2\sqrt[3]{2} = (-1-\omega)\sqrt[3]{2}$$

であるので，それらもまた（＊）の $\mathbb{Q}$ 上の 1 次結合で書ける。よって，E の任意の要素の $\mathbb{Q}$ 上の共役もまた，（＊）の $\mathbb{Q}$ 上の 1 次結合の形で書ける。これは E の任意の要素の $\mathbb{Q}$ 上の共役もまた，E の要素になることを意味している。

（c）$E = \mathbb{Q}(\sqrt[3]{2}, \omega) = \mathbb{Q}(\sqrt[3]{2}, \omega\sqrt[3]{2}, \omega^2\sqrt[3]{2})$ なので，E は $\mathbb{Q}$ 上の多項式 $x^3 - 2$ の最小分解体である。 □

┌─ **例題 1.2.2** ─────────────────────────

K を $\mathbb{Q}$ の拡大体とし，E/K を 2 次拡大とする。このとき，E/K がガロア拡大であることを示せ。

└──────────────────────────────────────

解 $[E:K] = 2$ なので，特に $E \neq K$ である。よって，K に属さない E の元 α が存在する。α の K 上の最小多項式を $q(x)$ とする。$q(x)$ の次数を $d \geq 1$ とする。$\alpha \notin K$ なので，$d \neq 1$ である。また，第 2 章定理 2.2.5 より，$K(\alpha)$ の K 上の次元は d だが，$E \supset K(\alpha)$ なので $d \leq 2$ である。以上より，$d = 2$ であり，$K(\alpha) = E$ である。$q(x) = x^2 + ax + b$ とする。α の K 上の共役を α, β とすると，解と係数の関係から $\beta = -a - \alpha \in E$ となる。これは，E が $q(x)$ の最小分解体であることを示している。 □

演習問題 7-1 例題 1.2.2 を，E の任意の元の K 上の共役が，また E に属することを示すことによって解け。

1.3 ガロア群とガロア拡大

ガロア拡大の構造は，対応するガロア群の群としての構造によって精密に反映されている。これが次の節で述べる**ガロア対応**の理論であり，その中核に位

置しているガロア理論の基本定理である。次の節でこれらについて述べる前に，ガロア群の構造とガロア拡大の関係について，予備的な事実を見ておこう。

次の命題は，すでにガロア理論の基本定理の一部分をなす主張である。

命題 1.3.1

E/K が $\mathbb{Q}$ の拡大体によるガロア拡大で，M がその中間体であるとき，E/M もまたガロア拡大である。また，このとき E/M のガロア群は $G = \mathrm{Gal}(E/K)$ の要素で M のすべての要素を不変にするもの全体からなる部分群

$$\mathrm{Fix}_G(M) = \{\varphi \in G \mid \varphi(a) = a \ (\forall\, a \in M)\}$$

で与えられる。

証明 E/K がガロア拡大なので，K 上のある多項式 $f(x)$ の最小分解体である。$f(x)$ は M 上の多項式とも思えるので，これは E/M がガロア拡大であることを示している。E/M のガロア群は $\mathrm{Gal}(E/M) = \mathrm{Aut}(E/M)$，つまり E の自己同型で M の各要素を固定するものに等しいのであったから，上の $\mathrm{Fix}_G(M)$ に一致する。　　　　　　　　□

演習問題 7-2　命題 1.3.1 における $\mathrm{Fix}_G(M)$ は，G の部分群であることを示せ。

次の定理は，ガロア拡大の拡大次数が，対応するガロア群の位数に等しいという顕著な事実を示している。

定理 1.3.2（ガロア群の位数）

E/K が $\mathbb{Q}$ の拡大体による有限次ガロア拡大とする。このとき，E/K のガロア群 $G = \mathrm{Gal}(E/K)$ は有限群であり，次が成り立つ。

$$[E : K] = |G|$$

証明 この定理を証明する方法はいろいろあるが，手っ取り早いのは次の方法である。E が K の単拡大（第2章2.2節）$E = K(\theta)$ である場合を考える[※1]。θ の K 上の最小多項式を $p(x) \in K[x]$ としよう。このとき，$p(x)$ の次数は E/K の拡大次数に等しいのであった（第2章定理2.3.2）。$p(x)$ の解を

$$\theta = \theta_1, \theta_2, \cdots, \theta_d$$

$(d = \deg(p(x)) = [E : K])$ とすると，$p(x)$ は K 上既約なのでこれらはすべて互いに相異なっている[※2]。E/K がガロア拡大なので，θ の K 上の共役である $\theta_1, \theta_2, \cdots, \theta_d$ は，すべて E の要素である。よって，特に E/K は $p(x)$ の最小分解体にもなっている。また，$E_i = K(\theta_i)$ $(i = 1, 2, \cdots, d)$ とすると，$E_i \subset E_1 = E$ だが，第2章定理2.3.2 よりその K 上の次元が等しいので $E_i = E$ となる。つまり，K にどの θ_i を添加しても E になる。

よって，θ を θ_i $(i = 1, 2, \cdots, d)$ に変換する E の K 上の自己同型 φ_i を考えることができる[※3]。こうして，$G = \mathrm{Gal}(E/K)$ の d 個の要素 $\varphi_1, \varphi_2, \cdots, \varphi_d$ ができた。しかし，φ を G の任意の要素とすると，φ は $\theta = \theta_1$ をその K 上の共役である $\theta_1, \theta_2, \cdots, \theta_d$ のどれかに写さなければならない（第6章命題1.3.4）。よって，φ はどれかの φ_i に一致しなければならない。よって，$G = \{\varphi_1, \varphi_2, \cdots, \varphi_d\}$ となるので，G は有限群であり，その位数は $d = \deg(p(x)) = [E : K]$ に等しい。 □

[※1] 実は E/K が $\mathbb{Q}$ を含む体の有限次拡大なら，常にこの形にできる。詳細はアルティン『ガロア理論入門』p.91 や桂利行『代数学 III　体とガロア理論』p.23 などを参照のこと。

[※2] もし重解 α をもつなら，α は $p(x)$ とその微分 $p'(x)$ の共通解となるから，$p(x)$ と $p'(x)$ は $x - \alpha$ という共通因子をもつことになる。これは $p(x)$ と $p'(x)$ の K 上の多項式としての最大公約数 $q(x)$ が定数でないことを意味しているが，$q(x)$ の次数は1以上（定数でない）で，$p'(x)$ の次数（$= \deg(p(x)) - 1$）以下なので，これは $p(x)$ が K 上既約であることに反している（$p'(x)$ の次数が $\deg(p(x)) - 1$ に等しいというところに，実は K が $\mathbb{Q}$ を含むという事実が使われている）。

[※3] ここは少し線形代数を使わなければならない。第2章定理2.2.5 の証明で見たように，E は $1, \theta_i, \theta_i^2, \cdots, \theta_i^{d-1}$ を K 上のベクトル空間としての基底にもつ。よって，θ を θ_i に写す写像を考えることができて，それが体の自己同型になっている。

最後に，ガロア理論の基本定理を説明する準備として，次の命題を用意しておこう。

---命題 1.3.3---

E/K が $\mathbb{Q}$ の拡大体による有限次ガロア拡大として，H をガロア群 $G = \mathrm{Gal}(E/K)$ の部分群とする。このとき，$\mathrm{Gal}(E/E^H) = H$ が成り立つ。

ここで E^H は第 6 章 2.1 節で述べたように，H の**不変体**と呼ばれているもので，

$$E^H = \{a \in E \mid \varphi(a) = a \ (\forall \varphi \in H)\}$$

で定義される。これは E/K の中間体である。

証明 この命題の証明も定理 1.3.2 の証明と同様に，E が K の単拡大 $E = K(\theta)$ である場合を考えよう。$M = E^H$ とする。命題 1.3.1 より E/M はガロア拡大であり，そのガロア群は $\mathrm{Fix}_G(M)$ である。これを $H' = \mathrm{Fix}_G(M)$ とおこう。示したいことは，$H = H'$ であることである。

$\varphi \in H$ とすると，φ はもちろん H のすべての要素が固定する E の要素を固定するから $\varphi \in \mathrm{Fix}_G(M)$ である。つまり，$H \subset H'$ である。

次に逆の包含関係を示すために，多項式

$$q(x) = \prod_{\varphi \in H'} (x - \varphi(\theta)), \quad p(x) = \prod_{\varphi \in H} (x - \varphi(\theta))$$

を考える[※4]。H' の各要素は $q(x)$ の因子 $x - \varphi(\theta)$ の置換をするので，$q(x)$ は H' の各要素で不変である。つまり，$q(x)$ の係数はすべて $E^{H'} = M$ に入る[※5]。すなわち，$q(x)$ は M 上の多項式である。また，$q(x)$ の次数は H' の位数に等しく，定理 1.3.2 よりこれは $[E : M]$ に等しいから，よって θ の M 上の最小多項式の次数に等しい。$q(x)$ はモニックで $q(\theta) = 0$ を満たすので，これは

※4　$q(x)$ は φ が H' の要素全体を走るときの $x - \varphi(\theta)$ をすべてかけ算したものである。$p(x)$ も同様。
※5　ここの議論は第 6 章定理 2.2.1 の (a) ⇒ (b) の証明（141 ページ）を参考にするとわかりやすいだろう。

$q(x)$ が θ の M 上の最小多項式に他ならないことを意味している。

次に $p(x)$ について上と同様に考えると，$p(x)$ の係数は H の各要素で不変であることがわかる。これはつまり，$p(x)$ の係数は $E^H = M$ に属すること，すなわち $p(x)$ は M 上の多項式であることを意味している。しかし，$p(\theta) = 0$ であるから，これは θ の M 上の最小多項式 $q(x)$ で割り切れなければならない。よって特に，

$$|H'| = \deg(q(x)) \leqq \deg(p(x)) = |H|$$

となるが，上で見たように $H \subset H'$ なので $H = H'$ となる。　　　　　□

2　ガロア対応

2.1　ガロア理論の基本定理

次の定理は「ガロア理論の基本定理」と呼ばれている。この定理は，ガロア拡大の中間体の図式と，ガロア群の部分群の図式の間に完全な対応関係（ガロア対応）があることを述べたもので，ガロア拡大を理解する上でも最も重要なものである。

とりあえず，ガロア理論の基本定理を全部いっぺんに書き出してみたものが，次である。

定理 2.1.1（ガロア理論の基本定理）

E/K が（有限次）ガロア拡大であるとし，$G = \mathrm{Gal}(E/K)$ とする。

(1) G の任意の部分群 $H < G$ について，

$E^H = \{a \in E \mid \varphi(a) = a \ (\forall \varphi \in H)\}$ は E/K の中間体である。すなわち，$E \supseteq E^H \supseteq K$

(2) E/K の任意の中間体 M について，

$\mathrm{Fix}_G(M) = \{\varphi \in G \mid \varphi(a) = a \ (\forall a \in M)\}$ は G の部分群である。すなわち，$\mathrm{Fix}_G(M) < G$

---

(3) 対応 $H \mapsto E^H$ と対応 $M \mapsto \mathrm{Fix}_G(M)$ によって，G の部分群全体と，E/K の中間体全体は 1 対 1 に対応する。すなわち，

$$\{G \text{ の部分群}\} \quad \longleftrightarrow \quad \{E/K \text{ の中間体}\}$$
$$H \quad \longmapsto \quad E^H$$
$$\mathrm{Fix}_G(M) \quad \longleftarrow \quad M$$

しかも，この対応は包含関係を逆転させる。

(4) E/K の任意の中間体 M について，E/M はまたガロア拡大であり，そのガロア群 $\mathrm{Gal}(E/M)$ は $\mathrm{Fix}_G(M)$ で与えられる。

(5) E/K の任意の中間体 M について，M/K がガロア拡大であるための必要十分条件は，$\mathrm{Fix}_G(M)$ が G の正規部分群（第 5 章定義 1.4.1 ）であることであり，このとき，$\mathrm{Gal}(M/K) = G/\mathrm{Fix}_G(M)$ である。

ご覧の通り，この定理は多くの主張から成り立っており，その数学的なコンテンツも豊富である。だから，最初からこのように一度に見てしまうと，ちょっと圧倒されるかもしれない。そこで，その内容を一つひとつ見ていきながら，その意味するところを理解して行こう。

まずは最初の主張。

ガロア理論の基本定理（1）

G の任意の部分群 $H < G$ について，
$E^H = \{a \in E \mid \varphi(a) = a \ (\forall \varphi \in H)\}$ は E/K の中間体である。すなわち，$E \supseteq E^H \supseteq K$

これは第 6 章 2.1 節で述べたことである。

ガロア理論の基本定理（2）

E/K の任意の中間体 M について，
$H(M) = \{\varphi \in G \mid \varphi(a) = a \ (\forall a \in M)\}$ は G の部分群である。すなわ

ち，$H(M) < G$

(1)では「G の部分群から E/K」の中間体へ（$H \mapsto E^H$）という対応を扱っていたが，(2)ではこの逆方向の対応が現れる。つまり，E/K の中間体 M から，G の部分群 $\mathrm{Fix}_G(M)$ が作られるというものだ。$\mathrm{Fix}_G(M)$ が G の部分群であることは，すでに上で述べている（演習問題 7-2）。

ガロア理論の基本定理（3）

対応 $H \mapsto E^H$ と対応 $M \mapsto \mathrm{Fix}_G(M)$ によって，G の部分群全体と，E/K の中間体全体は 1 対 1 に対応する。すなわち，

$$\{G \text{ の部分群}\} \quad \longleftrightarrow \quad \{E/K \text{ の中間体}\}$$
$$H \quad \longmapsto \quad E^H$$
$$\mathrm{Fix}_G(M) \quad \longleftarrow \quad M$$

しかも，この対応は包含関係を逆転させる。

「包含関係を逆転させる」の方は難しくない。実際，G の部分群 H_1, H_2 について $H_1 \subset H_2$ だったら，$E^{H_1} \supset E^{H_2}$ であることは明らかだろう。また，E/K の中間体 M_1, M_2 についても，$M_1 \subset M_2$ なら $\mathrm{Fix}_G(M_1) \supset \mathrm{Fix}_G(M_2)$ であることも容易にわかる。

(3)の最初に主張されていることは，(1)と(2)で作られた対応は，単にその対応の方向が逆向きになっているだけでなく，実は互いに逆対応（逆写像）になっているということである。これを証明するには，次の2つのことを示せばよい。

(a) E/K の中間体 M について，$E^{\mathrm{Fix}_G(M)} = M$

(b) G の部分群 H について，$\mathrm{Fix}_G(E^H) = H$

(a)を証明しよう。$a \in M$ とすると，a は M のすべての要素を不変にする G の要素で不変だから $a \in E^{\mathrm{Fix}_G(M)}$ である。よって，$M \subset E^{\mathrm{Fix}_G(M)}$ である。逆の包含関係を示すために，まず命題 1.3.1 から E/M がガロア拡大であることに注

意しよう。そのガロア群は，E の自己同型で M の各要素を不変にするものだから，これは $\mathrm{Fix}_G(M)$ に等しい。

次に(b)であるが，$\mathrm{Fix}_G(E^H) = \mathrm{Gal}(E/E^H)$ であるから，これは命題 1.3.3 ですでに示した。

┌─ ガロア理論の基本定理 (4) ─────────────────

E/K の任意の中間体 M について，E/M はまたガロア拡大であり，そのガロア群 $\mathrm{Gal}(E/M)$ は $\mathrm{Fix}_G(M)$ で与えられる。

└──────────────────────────────

これはすでに命題 1.3.1 で示した。

┌─ ガロア理論の基本定理 (5) ─────────────────

E/K の任意の中間体 M について，M/K がガロア拡大であるための必要十分条件は，$\mathrm{Fix}_G(M)$ が G の正規部分群であることであり，このとき，$\mathrm{Gal}(M/K) = G/\mathrm{Fix}_G(M)$ である。

└──────────────────────────────

この部分の証明は，第 6 章定理 2.2.1 の証明と同じく，一部の議論を省略する。詳しくは，文献案内に挙げた文献を参考にされたい。

証明 まず，M/K がガロア拡大であるとする。このとき，M の任意の要素の K 上の共役はすべて M に属する（ガロア拡大の定義（145 ページ）(b)）なので，第 6 章命題 1.3.4 より任意の $\varphi \in G$ について $\varphi(M) \subset M$ でなければならない。φ を φ^{-1} に取り換えて得られる $\varphi^{-1}(M) \subset M$ の両辺に φ を施して $M \subset \varphi(M)$ が得られるので，よって $\varphi(M) = M$ となる。これより，$\mathrm{Fix}_G(\varphi(M)) = \mathrm{Fix}_G(M)$ であるが，$\mathrm{Fix}_G(\varphi(M))$ を計算してみると

$$
\begin{aligned}
\psi \in \mathrm{Fix}_G(\varphi(M)) &\Longleftrightarrow \psi(\varphi(a)) = \varphi(a)(\forall a \in M) \\
&\Longleftrightarrow \varphi^{-1}(\psi(\varphi(a))) = a(\forall a \in M) \\
&\Longleftrightarrow (\varphi^{-1} \circ \psi \circ \varphi)(a) = a(\forall a \in M) \\
&\Longleftrightarrow \varphi^{-1} \circ \psi \circ \varphi \in \mathrm{Fix}_G(M)
\end{aligned}
$$

ということになるので，

$$\mathrm{Fix}_G(M) = \mathrm{Fix}_G(\varphi(M)) = \varphi\,\mathrm{Fix}_G(M)\varphi^{-1}$$

が任意の $\varphi \in G$ について成り立つことになる。これは $\mathrm{Fix}_G(M)$ が G の正規部分群であることを示している。

　逆に $\mathrm{Fix}_G(M)$ が G の正規部分群なら，上の計算から $\mathrm{Fix}_G(M) = \mathrm{Fix}_G(\varphi(M))$ がわかるので，ガロア理論の基本定理(3)から $M = \varphi(M)$ が任意の $\varphi \in G$ について成立することになる。M/K がガロア拡大であることを示すためには，M の任意の元 α の K 上の共役がすべて M に属することを示せばよい。E/K がガロア拡大なので，これらはすべて E に入る。α の K 上の共役 β に対して，$\varphi \in G$ で $\varphi(\alpha) = \beta$ となるものを選ぶ[※6]と，$\varphi(M) = M$ なので $\beta \in M$ である。すなわち，M の任意の元 α の K 上の共役がすべて M に属するので，M/K はガロア拡大である。　　　□

2.2　ガロア対応の計算例

　$E = \mathbb{Q}(\sqrt[3]{2}, \omega)$ とする。$E/\mathbb{Q}$ はガロア拡大であった。よって，その中間体のすべてを，$G = \mathrm{Gal}(E/\mathbb{Q})$ の部分群を用いて記述することができる。この節では，その計算を具体的に見てみよう。

2.3　ガロア群の部分群

　前述の通り，G は

$$\sigma : \begin{cases} \sqrt[3]{2} \mapsto \omega\sqrt[3]{2} \\ \omega \mapsto \omega \end{cases} \qquad \tau : \begin{cases} \sqrt[3]{2} \mapsto \sqrt[3]{2} \\ \omega \mapsto \omega^2 \end{cases}$$

で定められる $\sigma,\ \tau$ で生成される。また，G を

$$\sqrt[3]{2},\ \omega\sqrt[3]{2},\ \omega^2\sqrt[3]{2}$$

の置換として表示すると

[※6]　この部分の証明を，本書では省略した。これを示すには，自己同型写像の拡大に関するいくつかの技術的な定理を準備しなければならない。

$$\mathrm{id} \leftrightarrow 1 \quad \sigma \leftrightarrow (1\,2\,3) \quad \sigma^2 \leftrightarrow (1\,3\,2)$$
$$\tau \leftrightarrow (23) \quad \sigma\tau \leftrightarrow (12) \quad \sigma^2\tau \leftrightarrow (13)$$

となる。特に，G は 1, 2, 3 の置換全体の群 S_3 に同型である。

G の部分群は，次の 6 個である。

- （位数 1 ）$\{1\}$
- （位数 2 ）$\{1, \tau\}$, $\{1, \sigma\tau\}$, $\{1, \sigma^2\tau\}$
- （位数 3 ）$\{1, \sigma, \sigma^2\}$
- （位数 6 ）G

それらの包含関係は，次のようになっている。

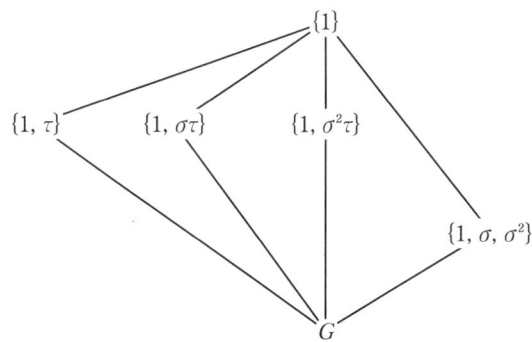

ここで各々の線は，上から下に「含まれている」こと，つまり上の位置に書かれている部分群が，下に書かれている部分群に含まれていることを意味している。

2.4 $E/\mathbb{Q}$ の中間体

G の部分群それぞれについて，対応する $E/\mathbb{Q}$ の中間体を計算しよう。

- $H = \{1\}$ のとき：明らかに $E^H = E$ である。
- $H = \{1, \tau\}$ のとき，E^H は，E の τ で不変な要素の全体である。E の要素

$$a + b\omega + c\sqrt[3]{2} + d\omega\sqrt[3]{2} + e\sqrt[3]{2}^2 + f\omega\sqrt[3]{2}^2 \quad (a,\ b,\ c,\ d,\ e,\ f \in \mathbb{Q})$$

について

$$\begin{aligned}
\tau(a + b\omega + c\sqrt[3]{2} &+ d\omega\sqrt[3]{2} + e\sqrt[3]{2}^2 + f\omega\sqrt[3]{2}^2) \\
&= a + b\omega^2 + c\sqrt[3]{2} + d\omega^2\sqrt[3]{2} + e\sqrt[3]{2}^2 + f\omega^2\sqrt[3]{2}^2 \\
&= (a-b) - b\omega + (c-d)\sqrt[3]{2} - d\omega\sqrt[3]{2} + (e-f)\sqrt[3]{2}^2 - f\omega\sqrt[3]{2}^2
\end{aligned}$$

であるから，τ で不変であるという条件は $b=0$，$d=0$，$f=0$ であること，つまり，

$$a + c\sqrt[3]{2} + e\sqrt[3]{2}^2$$

という形であることである。よって，この場合は

$$E^H = \mathbb{Q}(\sqrt[3]{2})$$

である。

● 同様に $H = \{1, \sigma\tau\}$ のときは，

$$\begin{aligned}
\sigma\tau(a + b\omega + c\sqrt[3]{2} &+ d\omega\sqrt[3]{2} + e\sqrt[3]{2}^2 + f\omega\sqrt[3]{2}^2) \\
&= a + b\omega^2 + c\sqrt[3]{2} + d\sqrt[3]{2} + e\omega^2\sqrt[3]{2}^2 + f\omega\sqrt[3]{2}^2 \\
&= (a-b) - b\omega + d\sqrt[3]{2} + c\omega\sqrt[3]{2} - e\sqrt[3]{2}^2 + (f-e)\omega\sqrt[3]{2}^2
\end{aligned}$$

よって，$\sigma\tau$ で不変であるという条件は，$b=0$，$e=0$，$d=c$ であること，つまり，

$$a - c\omega^2\sqrt[3]{2} + f\omega\sqrt[3]{2}^2$$

という形であることである。よって，この場合は

$$E^H = \mathbb{Q}(\omega^2\sqrt[3]{2})$$

である。

● 同様に考えれば，$H = \{1, \sigma^2\tau\}$ のときは，

$$E^H = \mathbb{Q}\left(\omega\sqrt[3]{2}\right)$$

であることもわかる。

演習問題 7-3 $H = \{1, \sigma^2\tau\}$ のとき，$E^H = \mathbb{Q}\left(\omega\sqrt[3]{2}\right)$ であることを示せ。

● $H = \{1, \sigma, \sigma^2\}$ のとき，E^H は，E の σ で不変な要素の全体である。E の要素は

$$a + b\omega + c\sqrt[3]{2} + d\omega\sqrt[3]{2} + e\sqrt[3]{2}^2 + f\omega\sqrt[3]{2}^2 \quad (a, \ b, \ c, \ d, \ e, \ f \in \mathbb{Q})$$

について

$$
\begin{aligned}
\sigma(a &+ b\omega + c\sqrt[3]{2} + d\omega\sqrt[3]{2} + e\sqrt[3]{2}^2 + f\omega\sqrt[3]{2}^2) \\
&= a + b\omega + c\omega\sqrt[3]{2} + d\omega^2\sqrt[3]{2} + e\omega^2\sqrt[3]{2}^2 + f\sqrt[3]{2}^2 \\
&= a + b\omega - d\sqrt[3]{2} + (c-d)\omega\sqrt[3]{2} + (f-e)\sqrt[3]{2}^2 - e\omega\sqrt[3]{2}^2
\end{aligned}
$$

であるから，σ で不変であるという条件は $c = d = e = f = 0$ であること，つまり，

$$a + b\omega$$

という形であることである。よって，この場合は

$$E^H = \mathbb{Q}(\omega)$$

である。

● $H = G$ のとき，先に見たように，$E^G = \mathbb{Q}$ である。

2.5　$E/\mathbb{Q}$ におけるガロア対応

以上より，$G = \mathrm{Gal}(E/K)$ の部分群と E/K の中間体の対応は，図 7.1 のようになっている。図 7.1 の左図では，線でつながった上が下に含まれ，右図で

は，線でつながった下が上に含まれる。

演習問題 7-4 図 7.1 の右図で，どの線がガロア拡大になっているか答え
よ。また，それぞれのガロア群はなにか。

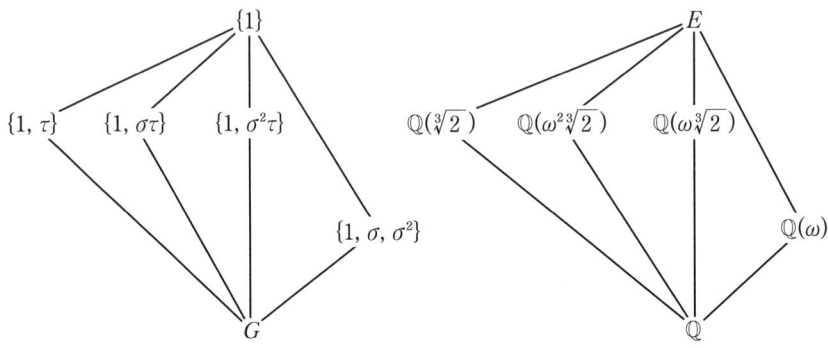

図 7.1 $E/\mathbb{Q}$ におけるガロア対応

第8章　ガロア対応（2）

　ガロア理論の中核をなしている「ガロア対応」については，すでに前章でその基本的な事項は終わっている。ここでは「ガロア対応」の復習も踏まえながら，ガロア対応を実地で使ってみるという実験的な試みをしてみよう。具体的には，ガロア対応を使って具体的な方程式を解くということを試みてみよう。

　実際問題として，ガロア理論の応用として最も重要な「代数方程式の可解性」の問題，つまりどのような方程式が代数的に解けて，どのような方程式は解けないのかといったことまで理解できるようになるには，まだまだ他に多くのことを学ばなければならない。つまり，可解性の判定までは今の段階ではできないのであるが，我々がすでによく知っている「解の公式」をガロア対応の視点から見てみると，どうしてこのような公式が可能なのか？　ということについて，かなりの程度我々の理解を進めることができる。

　我々がよく知っている解の公式は2次方程式の解の公式であるが，この章では3次方程式の解の公式（11ページ）についても，ガロア対応の観点から検討する。3次方程式の解の公式（いわゆる「カルダーノの公式」）は，それだけを見るとかなり複雑に見えるが，ガロア対応の観点からこれを理解しようとすると，その仕組みがよくわかるからである。

　いずれにしても，ここで我々が目標にしたいことは，公式を「暗記する」とか「憶える」ということではなくて，その仕組みを「理解する」ということである。

1　ガロア対応と2次方程式

「ガロア対応」という見事な対応があるというのが「ガロア理論の基本定理」であった。その「ガロア対応」とは，ガロア拡大においてガロア群の部分群と中間体の間に，包含関係を逆転させる1対1対応があるというものであった。具体的には，ガロア群 G の部分群 H に対しては，H で固定される要素全体か

らなる中間体（不変体）が対応する。つまり，考えている拡大の中の中間体の入り方を理解するためには，ガロア群の部分群の入り方を理解すればよいということだ。

　ここで重要なことは，通常，例えば有理数体上の代数方程式に付随したガロア拡大を考えると，考えている体は無限個の要素をもっている無限集合であるのに対して，対応するガロア群は（もちろん大きな位数かもしれないが）有限群だということだ。例えば，一般の5次方程式には5次対称群 S_5 が対応しており，その位数は120であるから，それなりに大きな群ではあるが，しかし所詮は有限群であるから，その構造を十分にじっくり調べればよくわかるはずのものである。このように，ガロア対応はガロア拡大の構造を，有限群の構造に翻訳するという非常に便利な道具を提供しているわけである。

　この便利さを体感するために，まずは簡単なところから始めよう。

1.1　2次方程式の解法

　2次方程式をガロア対応を用いて解くということを考えてみよう。2次方程式はよく知っているだろう。しかし，ここで考えるのは次のことだ：2次方程式の解の公式は知らないが，ガロア理論はよく知っているという人がいたとすると，その人は2次方程式をどのようにして解くだろうか？

　$\mathbb{Q}$ 上の2次方程式

$$x^2 + ax + b = 0 \qquad (*)$$

（a, b は有理数）を考える。その解を α, β とする。解と係数の関係から[※1]，

$$\begin{cases} \alpha + \beta = -a \\ \alpha\beta = b \end{cases} \qquad (**)$$

　目標は2次方程式 $(*)$ を解くことであり，つまり α, β を求めることである。それは言い換えれば，$(*)$ の $\mathbb{Q}$ 上の最小分解体 $E = \mathbb{Q}(\alpha, \beta)$ を求めることである。ここで $\alpha + \beta$ が有理数であることから，

※1　言うまでもないが，解の公式を知らなくても，解と係数の関係を導くことはできる。

$$E = \mathbb{Q}(\alpha, \beta) = \mathbb{Q}(\alpha) = \mathbb{Q}(\beta)$$

であることに注意しよう。E さえ求まれば α, β はほとんど求まったようなものである。実際，それらは E の中に入っている（つまり知っている[※2]）というわけであるから。ともかく，E をどうやって求めるかというところに問題の本質がある。つまり，解 α, β そのものを求めるということよりも，体の拡大 $E/\mathbb{Q}$ を理解するというところにこそ重要性があるという考え方である[※3]。$E/\mathbb{Q}$ を理解することこそが，2 次方程式（＊）を解くことなのだ。

　さて，$\alpha \in \mathbb{Q}$ なら $E = \mathbb{Q}$ であるから，これ以上なにもする必要がないが，$\alpha \notin \mathbb{Q}$ なら $[E : \mathbb{Q}] = 2$ であり，ガロア群 $G = \mathrm{Gal}(E/\mathbb{Q})$ は位数 2 の群である（第 7 章定理 1.3.2 参照）。第 4 章定理 3.3.3 よりこれは巡回群であり，$\{1, \tau\}$ という形（$\tau^2 = 1$）である。ここで τ は α と β の入れ換えである。すなわち，G は E に文字 α, β の置換全体の群（2 次対称群 S_2 に同型）として作用している。

　2 次方程式の場合は対応するガロア群が，このように非常に簡単なものになってしまうので，かえってガロア対応のご利益というのはわかりにくいが，とにかくこの視点で考えを進めてみよう。

　上の「解と係数の関係」の式（＊＊）の左辺は，どれも α と β の対称式であるから，ガロア群 H の作用（α と β を入れ換える置換の作用）で不変である。ガロア理論の基本定理（ガロア対応）は，これらが G による E の不変体 $E^G = \mathbb{Q}$，すなわち有理数体に含まれることを教えてくれる（そして，確かに右辺は有理数である）。だから，このような式ばかりをいじっていても，決して E という拡大体に到達することはできない。だから，α と β の対称式ではない何かが必要になる。ガロア群 G の作用が自明ではないようなうまい式を探さなければならない。対称性をいかに崩すかが問題だ。

　ここで

$$\xi = \alpha - \beta$$

※2　第 1 章 21 ページを参照。
※3　ここにパラダイムの違いがあることに注意されたい。一口に方程式を「解く」と言っても，技巧的に式を求めるというより概念的な問題なのである。

という式を考える（一般に**ラグランジュ分解式**と呼ばれる式の特別な場合である）。これは実に「うまい式」になっている。実際，α と β をひっくり返しても式はあまり変わらないが，しっかり変わっている。具体的には，符号が変わる（だけ）という変わり方である。つまり，ξ によって τ の作用（文字の置換）は「-1 倍する」という数の変換に置き換えられたわけだ。

　この ξ の与え方は天下り的に思われるかもしれないが，ガロア理論を知っていて 2 次方程式の解の公式を知らない人が，G の作用がうまい具合に非自明になっている式としてどのようなものを考えるべきかと思ったときに（時間はかかるかもしれないが）ある程度考えれば自然と思いつくものではないだろうか。

　ξ への G の作用は自明ではないので，ξ は $E^G = \mathbb{Q}$ には入らない。したがって，$M = \mathbb{Q}(\xi)$ は $\mathbb{Q}$ よりも真に大きな $E/\mathbb{Q}$ の中間体になる。しかし，G の部分群は G と $\{1\}$ しかないので，実は $E = M = \mathbb{Q}(\xi)$ となっているはずだ。実際，α と β についての連立 1 次方程式

$$\begin{cases} \alpha + \beta = -a \\ \alpha - \beta = \xi \end{cases} \qquad (\ast\ast\ast)$$

により，α と β は ξ から四則演算だけで求まるので，

$$E = \mathbb{Q}(\alpha, \beta) = \mathbb{Q}(\xi)$$

である。

　また，ξ の 2 乗 ξ^2 は τ で不変なので，ガロア群 G で不変。ガロアの基本定理より，$E^G = \mathbb{Q}$ なので，$\xi^2 \in \mathbb{Q}$ である。実際，

$$\xi^2 = (\alpha - \beta)^2 = (\alpha + \beta)^2 - 4\alpha\beta = a^2 - 4b$$

つまり，ξ^2 は 2 次方程式($\ast$)の「判別式」に他ならない。そして，$a^2 - 4b$ の平方根をとれば $\xi = \alpha - \beta$ が求まる。すなわち，

$$E = \mathbb{Q}(\alpha, \beta) = \mathbb{Q}(\xi) = \mathbb{Q}(\pm\sqrt{a^2 - 4b})$$

　ここで最小分解体 E が求まったので，実質上は 2 次方程式($\ast$)が「解けた」ことになるが，もちろん解の公式そのものを導出することもできる。実際，連

立方程式（＊＊＊）から

$$\alpha = \frac{-a+\xi}{2}, \quad \beta = \frac{-a-\xi}{2}$$

となるから，これらをまとめて（つまり，α と β の入れ換えで対称的な表現に書き表して）

$$\frac{-a \pm \sqrt{a^2 - 4b}}{2}$$

となる。

2　ガロア対応と3次方程式

　2次方程式の場合は，対応するガロア群の位数が高々2という小さなものだったので，その構造も簡単であり，それを反映して最小分解体への拡大の構造も簡単であった。だから解の導出も難しいものではなく，わざわざガロア理論を使うのは大袈裟な印象を受けた。しかし，3次方程式くらいになると，その導出は簡単ではなく，ガロア対応のご利益はわかりやすくなる。

　ここでも上に倣って，次のような状況を考える：3次方程式の解の公式は知らないが，ガロア理論はよく知っている人がいたとして，その人は3次方程式をどのようにして解くだろうか？　これは2次方程式の場合よりも，格段に現実味のある話である。以下ではガロア対応を用いて，11ページで紹介した「カルダーノの公式」を再現してみよう。

2.1　3次対称群

　2次方程式の解法には，対応するガロア群として2次対称群 S_2 が現れた。これと同様に，3次方程式の解法には，そのガロア群として3次対称群 S_3 が現れる。3次方程式の解法に入る前に，3次対称群 S_3 について基本的なことを思い出しておこう。

● 3次対称群 S_3 とは3つの文字1, 2, 3の置換全体の群である。

- 群としての S_3 は，長さ 3 の巡回置換 $\sigma = (1\ 2\ 3)$ と互換 $\tau = (2\ 3)$ で生成され，その基本関係式は

$$\sigma^3 = \tau^2 = (\sigma\tau)^2 = 1$$

で与えられる。すなわち，生成元と関係式を併記する書き方では

$$S_3 = \langle \sigma,\ \tau \mid \sigma^3 = \tau^2 = (\sigma\tau)^2 = 1 \rangle$$

と書ける。

- 基本関係式から，特に $\sigma^2\tau = \tau\sigma$ という関係式が出るので，σ と τ が勝手に掛け合わされた式において σ の左にある τ を右にもってくることができる。よって，これを用いて S_3 の要素をすべて書き出すと

$$S_3 = \{\sigma^i\tau^j \mid i = 0,\ 1,\ 2,\quad j = 0,\ 1\}$$

となる。

- S_3 の部分群は，次の 6 個
  - （位数 1）$\{1\}$
  - （位数 2）$\{1,\ \tau\}$，$\{1,\ \sigma\tau\}$，$\{1,\ \sigma^2\tau\}$
  - （位数 3）$\{1,\ \sigma,\ \sigma^2\}$
  - （位数 6）G

であり，それらの包含関係は図 8.1 のようになっている。ただし，ここで線でつながっている上が下に含まれ，線に添えられた数字は指数を表している[※4]。

※4　例えば，$\{1,\ \sigma^2\tau\}$ の中で $\{1\}$ の指数が 2 であるとは $\{1,\ \sigma^2\tau\}$ が位数 2 の群であることを表している。また，一番右の線からは，$\{1,\ \sigma,\ \sigma^2\}$ の位数が 3 であり，G の中での指数が 2 であることが読み取れる。

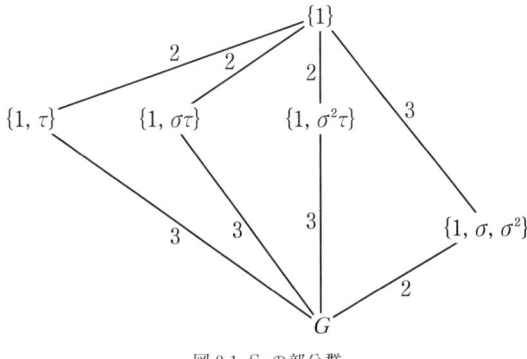

図 8.1 S_3 の部分群

2.2　3 次方程式

$\mathbb{Q}$ 上の 3 次方程式

$$x^3 + ax + b = 0 \qquad\qquad (*)$$

$(a,\ b$ は有理数) を考える[※5]。当面の目標はこの 3 次方程式を「解く」ことであるが，その道程で必要になるものとして，1 の原始 3 乗根[※6]

$$\omega = \frac{-1 + \sqrt{-3}}{2}$$

を考え，$F = \mathbb{Q}(\omega)$ とする。ω の $\mathbb{Q}$ 上の最小多項式は $x^2 + x + 1$ である。以下では，3 次方程式 $(*)$ を F 上で解くということを考えよう[※7][※8]。

[※5]　11 ページの囲みで述べたように，一般の 3 次方程式の未知数に簡単な変換を施すことで，このような形（2 次の項がない形）にすることができる。

[※6]　一般に n 乗して 1 になる数を 1 の n 乗根というが，「n 乗して初めて 1 になる」数を 1 の **原始 n 乗根**という（第 9 章 1.1 節参照）。

[※7]　F は 2 次方程式 $x^2 + x + 1 = 0$ の最小分解体なので，2 次方程式の解法についての知識から，我々にとってはすでによく知っている体である。

[※8]　ここで，$\mathbb{Q}$ 上ではなくて，$F = \mathbb{Q}(\omega)$ 上で解くことが，より自然なことである理由は下記である程度明らかになるが，より本質的な背景は次章で述べる。

【1】 (∗)の解を α, β, γ とする。解と係数の関係は,

$$\begin{cases} \alpha + \beta + \gamma = 0 \\ \beta\gamma + \gamma\alpha + \alpha\beta = a \\ \alpha\beta\gamma = -b \end{cases} \qquad (\ast\ast)$$

(∗)の F 上の最小分解体を

$$E = F(\alpha, \beta, \gamma) = F(\beta, \gamma) = F(\gamma, \alpha) = F(\alpha, \beta)$$

とする。係数 a, b が十分に一般ならば, (∗)の F 上のガロア群 $\mathrm{Gal}(E/F)$ は, 3つの文字 α, β, γ の置換全体の群になることが知られている[※9]。そこで $G = \mathrm{Gal}(E/F)$ と, 3つの文字 1, 2, 3 の置換全体の群(3次対称群)S_3 とを同一視する(α, β, γ をこの順に 1, 2, 3 と対応させる)。

2次方程式のときと同様に, 差し当たり我々の目標は, この最小分解体 E に到達することである。連立方程式($\ast\ast$)の左辺はどれも α, β, γ の対称式なので, どれも $E^G = F$ の要素であり, これらをいじっていても決して E に上がっていくことはできない。したがって, 2次方程式の場合と同様に「うまく」対称性を崩していくことが重要になってくる。

【2】 ガロアの基本定理(定理2)によれば, H の正規部分群 $N = \{1, \sigma, \sigma^2\}$ に対応する, E/F の中間体 M があるはずである。つまり, 麓の F から山頂の E にいっぺんに登るのではなく, 途中に峠の茶屋のような休憩所 M を設けて, そこまでとそこからの「2段階攻撃」で E に到達しようというのが, ここでの解法の作戦である。

ここで, 他の中間体を選ばず, $N = \{1, \sigma, \sigma^2\}$ に対応する中間体 M を選ぶ理由は, N が正規部分群であることにある。N が正規部分群なので, E/M だけでなく M/F もガロア拡大になる。つまり, 休憩所 M までと, M から先も, どちらもガロア拡大になっていることが, ここでは重要なのだ。

よって, 中間体 M を求めることが重要になる。ガロア対応によれば, この

中間体 M は，E の中での N の固定部分 $M = E^N$ である。つまり，$\sigma = (1\,2\,3)$ で不変な元全体である。これを具体的に書くために必要なのが，またしても**ラグランジュ分解式**である。ここでのラグランジュ分解式は

$$
\begin{cases}
\xi = \alpha + \omega^2 \beta + \omega \gamma \\
\eta = \alpha + \omega \beta + \omega^2 \gamma
\end{cases}
$$

で与えられる[10]。ここで，

$$
\tau(\xi) = \eta
$$

であることに注意する。

これらの式は「σ の作用を 1 の 3 乗根倍に変換する」ものになっている。実際，

$$
\sigma(\xi) = \beta + \omega^2 \gamma + \omega \alpha = \omega(\alpha + \omega^2 \beta + \omega \gamma) = \omega \xi
$$
$$
\sigma(\eta) = \beta + \omega \gamma + \omega^2 \alpha = \omega^2(\alpha + \omega^2 \beta + \omega \gamma) = \omega^2 \eta
$$

$\omega^3 = 1$ なので，

$$
\sigma(\xi\eta) = \sigma(\xi)\sigma(\eta) = \omega\xi \cdot \omega^2\eta = \xi\eta
$$
$$
\tau(\xi\eta) = \tau(\xi)\tau(\eta) = \eta\xi = \xi\eta
$$

となるが，群 G は σ と τ で生成されるので，次のことがわかる。

（**A**）$\xi\eta$ は σ と τ の両方で不変，すなわち G 全体で不変である。よって，ガロアの基本定理より，これは F の要素である。

実は，これは係数 a, b の有理数上の有理式で書ける。実際に計算してみると，

$$
\xi\eta = -3a
$$

---

[10] これを作りたかったので，方程式（＊）を $\mathbb{Q}$ 上ではなく，わざわざ $F = \mathbb{Q}(\omega)$ 上で考えたのである。

演習問題 8-1 $\xi\eta = -3a$ であることを示せ。

また，次のこともわかる。

（B）ξ^3 と η^3 は σ で不変である。よって，ガロアの基本定理より，これらは M の要素である。また，$\xi^3 + \eta^3$ は σ と τ の両方で不変である。よって，ガロアの基本定理より，これは F の要素である。

演習問題 8-2 $\xi^3 + \eta^3 = -3^3 b$ であることを示せ。

【3】$\xi^3 \notin F$ であるとしよう[※11]。$\xi^3 \in M$ なので，$F(\xi^3)$ は F と M の中間体である。しかし，ガロアの基本定理によれば $[M:F] = 2 = [M:F(\xi^3)][F(\xi^3):F]$ であり，$\xi^3 \notin F$ なので $[F(\xi^3):F] \neq 1$ である。よって，$[M:F(\xi^3)] = 1$ なので

$$M = F(\xi^3) = F(\eta^3)$$

となる。

M/F は 2 次拡大であり，ガロアの基本定理によれば，そのガロア群は G/N に等しい。実際，$G = S_3$ の元を作用させてみると，1，σ，σ^2 によっては ξ^3 も η^3 も不変であり，τ，$\tau\sigma = \sigma^2\tau$，$\tau\sigma^2 = \sigma\tau$ では，ξ^3 と η^3 は入れ換わる。すなわち，

- G/N の単位元 N で ξ^3，η^3 は不変
- τN で ξ^3 と η^3 は入れ換わる

ということで，G/N は ξ^3 と η^3 の置換全体の群，すなわち S_2（2 次対称群）として M に作用していることがわかる。

実際に ξ^3 と η^3 を求めるには，演習問題 8-1 と演習問題 8-2 より

[※11] $\mathrm{Gal}(E/F)$ が S_3 に同型ならば，実はこうなっている。実際，後でわかるように ξ の 3 乗根で 3 次方程式（＊）の解が書けるので，$\xi^3 \in F$ なら E/F の拡大次数は高々 3 になる（第 9 章定理 2.2.1 を参照）。

$$\begin{cases} \xi^3 + \eta^3 = -3^3 b \\ \xi^3 \eta^3 = -3^3 a^3 \end{cases}$$

なので，F 上の 2 次方程式

$$t^2 + 27bt - 27a^3 = 0$$

を解けばよい。

【4】ξ^3 と η^3 が求まれば，中間体 M の元はすべて書けることになる。そこから，E（題意の 3 次方程式の F 上の最小分解体）に上がるには，ξ と η を求めればよい。実際，連立 1 次方程式

$$\begin{cases} \alpha + \beta + \gamma & = 0 \\ \alpha + \omega^2\beta + \omega\gamma & = \xi \\ \alpha + \omega\beta + \omega^2\gamma & = \eta \end{cases}$$

から，

$$\alpha = \frac{\xi + \eta}{3}, \quad \beta = \frac{\omega\xi + \omega^2\eta}{3}, \quad \gamma = \frac{\omega^2\xi + \omega\eta}{3}$$

と求まる。

$a \neq 0$ とする[12]。このとき，$\xi\eta = -3a \neq 0$ だったから，$\xi \neq 0$ である。よって，$\eta = -3a/\xi$ となるので，実は ξ だけ求めれば十分である。また，$\xi \notin M$ とする（後で見るように，$\mathrm{Gal}(E/F)$ が S_3 に同型ならば，こうなっている）。$\xi \in E$ なので，$M(\xi)$ は E/M の中間体で，ガロアの基本定理によれば $[E:M] = 3 = [E:M(\xi)][M(\xi):M]$ であり，$\xi \notin M$ としたので $[M(\xi):M] \neq 1$ である。よって，$[E:M(\xi)] = 1$ なので

$$E = M(\xi) = M(\eta)$$

となる。

※ 12 $\mathrm{Gal}(E/F)$ が S_3 に同型ならば，実はこうなっている。実際 $a = 0$ のとき，当初の 3 次方程式（＊）は $x^3 + b = 0$ という簡単な形になり，そのガロア群は $\sqrt[3]{b} \in F$ なら自明で，$\sqrt[3]{b} \notin F$ なら 3 次巡回群 $\mathbb{Z}/3\mathbb{Z}$ に同型である（第 9 章定理 2.2.1 を参照）。

【5】 以上より,

    (a) $\xi^3 \notin F$

    (b) $\xi \notin M = F(\xi^3)$

    (c) $a \neq 0$

の仮定のもとに, 題意の 3 次方程式 $(*)$ の解法は,

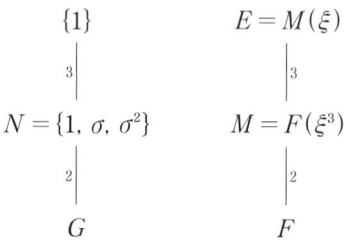

というガロア対応で, 完全に記述されることになる。上の仮定(a), (b), (c)は,
考えている 3 次方程式が十分に一般的である(特にそのガロア群が S_3 に同型に
なる) ということを保証するものであるが, これらの条件が成り立たない場合
は, 実はその解法はむしろ簡単になる。例えば, $a = 0$ ならば 3 次方程式 $(*)$ は

$$x^3 + b = 0$$

というとても簡単なものになる。というわけで, 実はこれらの仮定が満たされ
ている場合が一般的な場合であり, この場合を扱えば基本的には十分になる。
実際, この仮定のもとに解の公式を書いてみると, その公式 (11 ページの「カ
ルダーノの公式」) は, 一般の 3 次方程式に通用するものになっている。

第9章　べき根拡大

　前章で検討した2次方程式と3次方程式の解法を改めて見てみると，あることに気づく。それは，どちらの解法も，基本的にはべき根型の方程式，すなわち

$$x^n - a = 0$$

という形の方程式の解法に帰着しているということである。

　実際，2次方程式の解法（第8章 1.1節）では，ラグランジュ分解式

$$\xi = \alpha - \beta$$

の2乗の平方根をとること，すなわち

$$x^2 - \xi^2 = 0$$

という形の方程式を解くことが，その解法における最も重要な部分だった。

　また，3次方程式の解法（第8章 2.2節）でも，そのラグランジュ分解式

$$\begin{cases} \xi = \alpha + \omega^2\beta + \omega\gamma \\ \eta = \alpha + \omega\beta + \omega^2\gamma \end{cases}$$

の3乗の立方根をとること，すなわち

$$x^3 - \xi^3 = 0, \quad x^3 - \eta^3 = 0$$

という形の方程式を考えることで，ξ^3 と η^3 を解にもつ2次方程式に帰着されていた。

　そもそも13ページで述べたように，我々にとって「解の公式」の意味とは代数的解法，すなわち四則演算とべき根をとることの組み合わせによるものであった。したがって，上で述べたようなべき根型の方程式は，代数方程式の代数的解法において決定的なステップをなすものであり，重要なものである。

　この章では「べき根型の方程式」について一般的に考察し，特にガロア理論

の視点からは，これがどのように見えるのか明らかにする。

1　べき根型の方程式

べき根型の方程式について考察するためには「1のべき根」についての系統的な知識が必要になる。

1.1　1のべき根

n乗して1になる数を**1のn乗根**という。1のn乗根はn個あり，それらはすべて

$$x^n - 1 = 0$$

の解である。

1のn乗根の中には，例えば$n>1$の場合の1自身のように，n乗する前にすでに1になってしまうものもあるが，中にはn乗してはじめて1になるものもある。n乗してはじめて1になる数を**1の原始n乗根**という。

例 1.1.1

いくつか特別な場合について考えてみよう。例えば，$n = 2, 3, 4$での1の原始n乗根は，次の通りである。

- 1の原始2乗根は -1 のみ。
- 1の原始3乗根は

$$\frac{-1 \pm \sqrt{3}\,i}{2}$$

の2つ。
- 1の原始4乗根は

$$\pm i$$

（iは虚数単位）の2つ。

複素数で

$$\zeta_n = \cos\frac{2\pi}{n} + i\sin\frac{2\pi}{n}$$

とすると，これは 1 の原始 n 乗根で，1 の n 乗根は

$$1,\ \zeta_n,\ \zeta_n^2,\ \cdots,\ \zeta_n^{n-1}$$

ですべてである。

演習問題 9-1 次を示せ：$k = 0,\ 1,\ \cdots,\ n-1$ について

$$\zeta_n^k = \cos\frac{2\pi k}{n} + i\sin\frac{2\pi k}{n}$$

が 1 の原始 n 乗根であるための必要十分条件は，k と n が互いに素であることである。

演習問題 9-1 から，特に次のことがわかる。

- 1 の原始 n 乗根の個数は $0,\ 1,\ \cdots,\ n-1$ の中で n と互いに素であるものの個数に等しい。
- p を素数とするとき，1 でない 1 の p 乗根はすべて 1 の原始 p 乗根であり，その個数は $p-1$ である。すなわち，1 の原始 p 乗根は

$$\frac{x^p - 1}{x - 1} = x^{p-1} + \cdots + x^2 + x + 1 = 0$$

  の解全体である。

一般に，自然数 n について，$0,\ 1,\ \cdots,\ n-1$ の中で n と互いに素であるものの個数を

$$\varphi(n)$$

と書く。この φ は自然数に対して自然数を返す関数で，**オイラー関数**と呼ばれている。例えば，$n = p$ が素数のとき $\varphi(p) = p-1$ である。

1.2 円分多項式と円分拡大

自然数 n について，x^n-1 の $\mathbb{Q}$ 上の最小分解体を考えよう。これは $\mathbb{Q}$ 上の
ガロア拡大であり（第 6 章定理 2.2.1 参照），しかも，一つの 1 の原始 n 乗根 ζ
で生成される単拡大 $\mathbb{Q}(\zeta)$ に等しい。この拡大 $\mathbb{Q}(\zeta)/\mathbb{Q}$ を**円分拡大**という。円
分拡大を理解するには，ζ の $\mathbb{Q}$ 上の最小多項式を計算する必要がある。

ζ が 1 の原始 n 乗根であるとき，すべての 1 の原始 n 乗根は

$$\zeta^{i_1}, \zeta^{i_2}, \cdots, \zeta^{i_d} \qquad\qquad (*)$$

という形に書き出せる。ここで $d = \varphi(n)$ であり，$i_1, i_2, \cdots, i_d$ は 0, 1, $\cdots$,
$n-1$ の中で n と互いに素であるものすべてを書き出したものである。

$\mathbb{Q}(\zeta)/\mathbb{Q}$ のガロア群を G としよう。G に属する任意の自己同型は（それが
体の自己同型なので）1 の n 乗根は 1 の n 乗根に写す。それだけでなく，1 の
原始 n 乗根は 1 の原始 n 乗根に写す。よって，G は 1 の原始 n 乗根のリスト
$(*)$ の置換を引き起こしている。

ということは，$(*)$ を解全体とする多項式

$$\Phi_n(x) = (x-\zeta^{i_1})(x-\zeta^{i_2})\cdots(x-\zeta^{i_d})$$

は，その係数が $(*)$ の対称式になるので，$\mathbb{Q}$ 上の多項式だということになる。
これらの多項式 $\Phi_n(x)$ を**円分多項式**という。

┌─ 例 1.2.1 ──────────

$n = 2, 3, 4$ での $\Phi_n(x)$ は，次の通りである。

● 1 の原始 2 乗根は -1 だけなので

$$\Phi_2(x) = x+1$$

● 1 の原始 3 乗根は $\omega = (-1+\sqrt{3}\,i)/2$ と $\omega^2 = (-1-\sqrt{3}\,i)/2$ なの
で，

$$\Phi_3(x) = (x-\omega)(x-\omega^2) = x^2+x+1$$

- 1 の原始 4 乗根は i と $-i$ なので，

$$\Phi_4(x) = (x-i)(x+i) = x^2 + 1$$

演習問題 9-2　次を示せ。

(1) $\Phi_6(x) = x^2 - x + 1$, $\Phi_8(x) = x^4 + 1$

(2) $n = p$ が素数のとき，$\Phi_p(x) = x^{p-1} + \cdots + x^2 + x + 1$

次の定理は体論全体の中でもその重要性の高いものであるが，ここではその証明を省略する[1]。

定理 1.2.2（円分多項式の既約性）

任意の自然数 n について，円分多項式 $\Phi_n(x)$ は $\mathbb{Q}$ 上既約である。

よって，円分多項式 $\Phi_n(x)$ が 1 の原始 n 乗根の $\mathbb{Q}$ 上の最小多項式だということになる（第 2 章定義 2.1.3 参照）。特に $\mathbb{Q}(\zeta)/\mathbb{Q}$ の拡大次数は $\varphi(n)$ に等しい。

注意 1.2.3（円分拡大のガロア群）

円分拡大 $\mathbb{Q}(\zeta)/\mathbb{Q}$ のガロア群は，次で与えられる群である。巡回群 $\mathbb{Z}/n\mathbb{Z}$（第 4 章例 3.2.4）の要素 $\overline{k} = k + n\mathbb{Z}$ が $\mathbb{Z}/n\mathbb{Z}$ の中で**可逆**であるということを，$\overline{kl} = 1$ となる l が存在することとして定義しよう。これは $kl + nm = 1$ となる l, m が存在することと同値なので，k と n が互いに素であることと同値である。その全体がなす $\mathbb{Z}/n\mathbb{Z}$ の部分集合を

$$(\mathbb{Z}/n\mathbb{Z})^{\times}$$

※1　詳細はアルティン『ガロア理論入門』p.113 や桂利行『代数学 III　体とガロア理論』p.55 などを参照のこと。

と書くことにすると，これは積 $\overline{a}, \overline{b} \to \overline{ab}$ に関してアーベル群になる。
$\overline{a} \in \mathbb{Z}/n\mathbb{Z}$（つまり a が n と互いに素）であるとき，1 の原始 n 乗根 ζ の a 乗 ζ^a もまた 1 の原始 n 乗根であるから，これは 1 の原始 n 乗根の置換を引き起こしている。よって，$(\mathbb{Z}/n\mathbb{Z})^\times \subset G = \mathrm{Gal}(\mathbb{Q}(\zeta)/\mathbb{Q})$ であるが，$(\mathbb{Z}/n\mathbb{Z})^\times$ の位数が既に $\varphi(n)$ なので，実は両者は等しい。

$$\mathrm{Gal}(\mathbb{Q}(\zeta)/\mathbb{Q}) = (\mathbb{Z}/n\mathbb{Z})^\times$$

1.3 べき根型の方程式

次のような形の方程式を**べき根型の方程式**と呼ぶことにしよう。

$$x^n - a = 0 \qquad\qquad (**)$$

ただし，$a \neq 0$ とする。また，ζ_n は 1 の原始 n 乗根とする。

まず，次のことに注意する。

● $(**)$ の解のひとつを α とすると，そのすべての解は以下で与えられる。

$$\alpha, \ \zeta_n\alpha, \ \zeta_n^2\alpha, \ \cdots, \ \zeta_n^{n-1}\alpha$$

● したがって，$F = \mathbb{Q}(\zeta_n)$ とすると，$E = F(\alpha)$ は $x^n - a$ の F 上の最小分解体になっている。よって，E/F はガロア拡大である（第 6 章定理 2.2.1 参照）。

$F = \mathbb{Q}(\zeta_n)$ として，F 上のべき根型の方程式

$$x^n - a = 0$$

の解のひとつを α とする。ガロア拡大 $E = F(\alpha)/F$ のガロア群 $G = \mathrm{Gal}(E/F)$ について考えよう。

任意の $\sigma \in G$ について，$\sigma(\alpha)$ はまた $x^n - a = 0$ の解なので，

$$\sigma(\alpha) = \zeta_n^i \alpha$$

となる $i = 0, 1, 2, \cdots, n-1$ が定まり，これによって，写像

$$f : G \longrightarrow \mathbb{Z}/n\mathbb{Z}, \quad \sigma \longmapsto i + n\mathbb{Z}$$

が決まる。

補題 1.3.1

写像 f は群準同型であり単射である。特に，G は位数 n の巡回群 $\mathbb{Z}/n\mathbb{Z}$ の部分群であり，よって，n の約数を位数にもつ巡回群に同型である。

証明 写像 f は群準同型である。実際，$\sigma, \tau \in G$ について，$f(\sigma) = i$，$f(\tau) = j$ とすると，$\sigma(\alpha) = \zeta_n^i \alpha$，$\tau(\alpha) = \zeta_n^j \alpha$ なので，

$$\tau \circ \sigma(\alpha) = \tau(\zeta_n^i \alpha) = \zeta^{i+j} \alpha$$

となって，$f(\tau \circ \sigma) = i + j$ である。

写像 f は単射である。実際，$f(\sigma) = 0$ とすると，$\sigma(\alpha) = \alpha$ である。$E = F(\alpha)$ なので，これは $\sigma = \mathrm{id}_E$ であることを意味している。 $\square$

例 1.3.2

$F = \mathbb{Q}(\omega)$ 上で，$x^3 - 2 = 0$ の最小分解体は $E = F(\sqrt[3]{2})$ である。$x^3 - 2$ は F 上で既約なので（これは証明を要する。演習問題 9-3 を参照），E/F の拡大次数は 3 であり，よって，ガロア群 $G = \mathrm{Gal}(E/F)$ は位数 3 である。$\sigma \in G$ を，

$$\sigma(\sqrt[3]{2}) = \omega \sqrt[3]{2}$$

で定めると，これは位数 3 で，G は σ で生成される巡回群 $\langle \sigma \rangle$ に等しい。

演習問題 9-3 $x^3 - 2$ は $F = \mathbb{Q}(\omega)$ 上既約であることを示せ。

演習問題 9-4 $F = \mathbb{Q}(\omega)$ 上で，$x^6 - 2 = 0$ の最小分解体 E を求め，ガロア群 $G = \mathrm{Gal}(E/F)$ を計算せよ。

演習問題 9-5 $F = \mathbb{Q}(\omega)$ 上で，$x^6 - 4 = 0$ の最小分解体 E を求め，ガロア群 $G = \mathrm{Gal}(E/F)$ を計算せよ。

2 クンマー拡大の理論

この節では，1のべき根を十分に含む体の上ではべき根による拡大と巡回拡大は同等の概念であるとする**クンマー理論**の初歩を紹介しよう。

2.1 巡回拡大

ひとつの要素で生成することができる群を**巡回群**というのであった。巡回群は，有限位数の場合は

$$G = \{1,\, \sigma,\, \sigma^2,\, \cdots,\, \sigma^{n-1}\} \quad (\sigma^n = 1)$$

という形である。G の位数が n なら，これは $\mathbb{Z}/n\mathbb{Z}$ に同型である。

定義 2.1.1（巡回拡大）

ガロア群が巡回群であるガロア拡大を**巡回拡大**という。

2.2 べき根拡大と巡回拡大

次の定理は，1のべき根を十分に含む体の上では，任意のべき根拡大は巡回拡大であることを示している。

定理 2.2.1（べき根拡大は巡回拡大）

F は 1 の原始 n 乗根を含む $\mathbb{Q}$ の拡大体とし，$a \in F$ とする。

$$x^n - a = 0$$

の解のひとつを α とし，$E = F(\alpha)$ とする。このとき，E/F がガロア拡大であり，そのガロア群 $G = \mathrm{Gal}(E/F)$ は，n の約数 m を位数とする巡回群（$\cong \mathbb{Z}/m\mathbb{Z}$）に同型である。

証明 補題 1.3.1 から従う。　　　　　　　　　　　　　　　　　□

次の定理は上の定理の逆，すなわち，1 のべき根を十分に含む体の上では，巡回拡大はべき根拡大であることを示している。

定理 2.2.2（巡回拡大はべき根拡大）

F は 1 の原始 n 乗根を含む $\mathbb{Q}$ の拡大体とする。E/F をガロア拡大とし，そのガロア群は位数 n の巡回群であるとする。このとき，次を満たす α が存在する。

(a) $E = F(\alpha)$

(b) $\alpha^n \in F$

すなわち，F 上の位数 n の巡回拡大は，すべてなんらかの $a = \alpha^n \in F$ によるべき根型方程式

$$x^n - a = 0$$

の最小分解体になっているということである。

ここでは，この定理の完全な証明を与えることはできないが，その大枠のアイデアを示すことにしよう[※2]。

証明のアイデア. $G = \mathrm{Gal}(E/F) = \langle \sigma \rangle$ とする。$\theta \in E$ に対して，次の式を考える。

$$\alpha = \theta + \zeta_n \sigma(\theta) + \zeta_n^2 \sigma^2(\theta) + \cdots + \zeta_n^{n-1} \sigma^{n-1}(\theta) \qquad (\ast)$$

このとき，

$$
\begin{aligned}
\sigma(\alpha) &= \sigma(\theta) + \zeta_n \sigma^2(\theta) + \zeta_n^2 \sigma^3(\theta) + \cdots + \zeta_n^{n-1} \sigma^n(\theta) \\
&= \zeta_n^{n-1} \theta + \sigma(\theta) + \zeta_n \sigma^2(\theta) + \cdots + \zeta_n^{n-2} \sigma^{n-1}(\theta) \\
&= \zeta_n^{n-1} \alpha
\end{aligned}
$$

すなわち，この α に対しては，σ の作用は「ζ_n^{-1} 倍する」という形になっている。特に，

$$\sigma(\alpha^n) = \alpha^n$$

なので，（ガロア理論の基本定理から）$\alpha^n \in E^G = F$ である。

$\alpha \neq 0$ であれば，$a = \alpha^n$ として，$x^n - a$ を考えると，これは F 上既約であることが示せる。そうすると，$F(\alpha)$ は F 上の n 次拡大で，E/F の中間体なので $E = F(\alpha)$ である。

よって，証明の最も本質的な部分（本書では省略するが）は，α が $\neq 0$ になるような上手な θ を探すことにある。 □

2.3　3次方程式の解法再訪

第8章2.2節で述べた3次方程式の解法を，再び検討してみよう。$F = \mathbb{Q}(\omega)$ 上既約な3次方程式の解法は，方程式が十分一般であることを保証するいくつかの仮定のもとに，

※2　詳細はアルティン『ガロア理論入門』p.127 や桂利行『代数学 III　体とガロア理論』p.62 などを参照のこと。

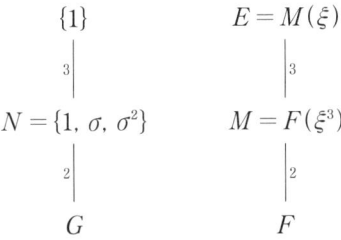

というガロア対応で，完全に記述されていた。ここで，$G = \langle \sigma, \tau \rangle = S_3$，$\sigma = (1\,2\,3)$，$\tau = (2\,3)$ であり，基本関係式は

$$\sigma^3 = \tau^2 = (\sigma\tau)^2 = 1$$

である。

(1) 最初の M/F は次数 2 の巡回拡大なので，F の要素の平方根を開くことで得られる。実際，ここは F 上の 2 次方程式を解くことで得られていた。

(2) 次の E/M は次数 3 の巡回拡大である。これは $\alpha,\ \beta,\ \gamma$ を考えている 3 次方程式の解として，

$$\xi = \alpha + \omega^2\beta + \omega\gamma$$

という元を $\xi^3 \in M$ から立方根を開くという作業によって得ている拡大である。

　以上より，3 次方程式の解法は，なんらかの数の平方根を開くという巡回拡大と，なんらかの数の立方根を開くという巡回拡大の積み重ねになっていることがわかる。

第10章　方程式の可解性（1）

　以上で代数方程式の**代数的可解性**について議論する準備はすべて終わった。
これからは今までに準備した事柄，つまりガロア理論の基本定理（ガロア対応）
とべき根拡大の理論（クンマー理論）の実際的な問題への応用に移る。まずは
ガロア理論の本丸である「代数方程式のガロア理論」について議論しよう。そ
の前に，ここでは今まで延期していた4次方程式の解法（フェラーリの公式）
について検討する。これを見ることで，代数方程式の**代数的解法**（13ページ）
の意味がさらに明確になり，代数的可解性の判定のためにはどのような事柄に
注目すればよいかが明確になるからである。すなわち，代数方程式が代数的に
解けるためには，対応するガロア群がどのような状態になっていなければなら
ないかがわかるようになる。

　したがって，この章では最初に4次方程式の解法について詳しく述べ，その
後に，ガロア理論の見地から見た代数的解法の意味について検討する。そして
これらを踏まえて，次章ではいよいよ5次以上の一般代数方程式は代数的に解
けないという，いわゆる「アーベル・ルフィニの定理」の証明を与える。

1　4次方程式の解法

1.1　4次方程式

　3次方程式の場合と同様に ω を1の原始3乗根とし，$F = \mathbb{Q}(\omega)$ とする。以
下では，4次方程式

$$x^4 + ax^2 + bx + c = 0 \qquad (*)$$

を F 上で考える。ここで12ページの囲み「4次方程式の解の公式（フェラー
リの公式）」の冒頭で述べたような簡単な変数の変換で，x の3次の項がない

状況に帰着されていることに注意しよう。上の形の 4 次方程式を考えれば十分なのである。

また，ここでなぜ「$F = \mathbb{Q}(\omega)$ 上」で 4 次方程式を考えるのかという点についても，疑問に思う人がいるかもしれない。その理由は「途中で 3 次方程式を解く必要があるから」というものなのだが，ではなぜ 1 の原始 4 乗根を考えないのかという説明にはなっていない。実は以下に与えるような一般的な 4 次方程式の解法では 4 次のクンマー拡大（4 乗根による拡大）が出てこないので，表向き 1 の原始 4 乗根を必要としない解法になっている。しかし，特別な場合は 4 次のクンマー拡大を用いて解いた方が早道になることもある。

【1】 ($*$)の解を α_1, α_2, α_3, α_4 とする。解と係数の関係から，

$$\alpha_1 + \alpha_2 + \alpha_3 + \alpha_4 = 0$$

であることに注意する。($*$)の F 上の最小分解体を E とし，ガロア群 $G = \mathrm{Gal}(E/F)$ を α_1, α_2, α_3, α_4 の置換とみて，S_4（4 次対称群 $= \{1, 2, 3, 4\}$ の置換の群）の部分群と同一視する。

さて，4 次方程式の解法において最初の重要な操作は，α_1, α_2, α_3, α_4 という 4 つの数を用いて，ある種の対称性を保ち，ある種の対称性を崩しながら，上手に 3 つの数を作ることにある。その際，念頭に置いておくべきことは，第 5 章 3.3 節で述べたことだ。そこでは

$$S_4/K \cong S_3$$

という同型を作っていた。ここで

$$K = \{e, (1\,2)(3\,4), (1\,3)(2\,4), (1\,4)(2\,3)\}$$

はクラインの四元群であり，S_4 の正規部分群である。ガロア対応によれば，この正規部分群 K に対応する E/F の中間体 M があるはずである。そして，そのとき M/F のガロア群は S_3 になる。ということは，M に到達するには 3 次方程式を解けばよいという形になると期待される。となれば，K で不変になるような上手な数を 3 つ作ることで，M を最小分解体とするような 3 次方程式

を作ることができそうである。だから，「α_1, α_2, α_3, α_4 という 4 つの数を用いて 3 つの数を作る」べきだということになるわけだ。

では，そのような数（K で不変な数 3 つ）を具体的に作ってみよう。実はその作り方には，やはり第 5 章 3.3 節での議論が大きなヒントになる。$i, j = 1$, 2, 3, 4 ($i \neq j$) について，

$$\beta_{ij} = \alpha_i + \alpha_j$$

とする。$\beta_{ij} = \beta_{ji}$ なので，相違なるものは β_{12}, β_{34}, β_{13}, β_{24}, β_{14}, β_{23} の 6 個である。ここで，次のことに気をつけよう。

- 6 個の β_{ij} がすべてわかれば，解 α_1, α_2, α_3, α_4 は求まる。例えば，

$$\beta_{12} + \beta_{13} + \beta_{14} = 2\alpha_1 + (\alpha_1 + \alpha_2 + \alpha_3 + \alpha_4) = 2\alpha_1$$

- 実は β_{12}, β_{13}, β_{14} だけがわかればよい。実際，$\beta_{12} + \beta_{34} = 0$ など。
- 実は β_{12}, β_{13}, β_{14} のうち，どれか（どれでもよい）2 つだけがわかれば十分。実際，解と係数の関係から

$$\beta_{12}\beta_{13}\beta_{14} = -b$$

である。

最後のところで $b = 0$ だと困ってしまうが，その場合は題意の方程式（*）は $x^4 + ax^2 + c = 0$ という形（x^2 に関する 2 次方程式）になるので簡単に解ける（ガロア群が小さくなる）。よって，以下では $b \neq 0$ とする。

【2】 θ_1, θ_2, θ_3 を次で定義する。

$$\theta_1 = \beta_{14}\beta_{23} = (\alpha_1 + \alpha_4)(\alpha_2 + \alpha_3)$$
$$\theta_2 = \beta_{13}\beta_{24} = (\alpha_1 + \alpha_3)(\alpha_2 + \alpha_4)$$
$$\theta_3 = \beta_{12}\beta_{34} = (\alpha_1 + \alpha_2)(\alpha_3 + \alpha_4)$$

ここでそれぞれの式の最右辺に現れる添字を見てほしい。これらは第 5 章 3.3 節でやったような「1, 2, 3, 4 を 2 つずつのグループに分ける」という形に

なっている。実際，これらは K 不変な 3 つの数である。例えば $(1\ 2)(3\ 4)$ でこれらを写してみると，

$$\theta_1 = (\alpha_1 + \alpha_4)(\alpha_2 + \alpha_3) \longmapsto (\alpha_2 + \alpha_3)(\alpha_1 + \alpha_4) = \theta_1$$
$$\theta_2 = (\alpha_1 + \alpha_3)(\alpha_2 + \alpha_4) \longmapsto (\alpha_2 + \alpha_4)(\alpha_1 + \alpha_3) = \theta_2$$
$$\theta_3 = (\alpha_1 + \alpha_2)(\alpha_3 + \alpha_4) \longmapsto (\alpha_2 + \alpha_1)(\alpha_4 + \alpha_3) = \theta_3$$

となっていて，確かに不変である。

G の任意の要素を θ_1, θ_2, θ_3 に作用させることで，$\{1, 2, 3\}$ の置換を誘導する。これによって，群準同型

$$\phi : G \longrightarrow S_3$$

 ができる。

- θ_1, θ_2, θ_3 が互いに相異なるとする。このとき，ϕ は全射である。実際，$\sigma = (1\ 2\ 3)$, $\tau = (2\ 3)$ とすると，

$$\sigma(\theta_1) = \theta_2, \quad \sigma(\theta_2) = \theta_3, \quad \sigma(\theta_3) = \theta_1$$
$$\tau(\theta_1) = \theta_1, \quad \tau(\theta_2) = \theta_3, \quad \tau(\theta_3) = \theta_2 \tag{$**$}$$

  なので（下記の演習問題 10-1 参照），σ と τ の ϕ による像が S_3 を生成している。

- ϕ の核は $K = \{e, (12)(34), (13)(24), (14)(23)\}$ である。つまり $K = \ker(\phi)$ である。実際，θ_1, θ_2, θ_3 はどれも K で不変であり，また，$|G| \leqq 24$, $|S_3| = 6$, $|K| = 4$ である。準同型定理から $G/\ker(\phi) \cong S_3$ であるから，$6 = |G|/|\ker(\phi)| \leqq 24/|\ker(\phi)|$ より $|\ker(\phi)| \leqq 4$ であるが，$K \subseteq \ker(\phi)$ で $|K| = 4$ なので $\ker(\phi) = K$ である。

最後のことから，特に $|G| = 24$ であることがわかり，したがって，θ_1, θ_2, θ_3 が互いに相異なるとき，$G = S_4$ であることもわかる。

演習問題 10-1　$\sigma, \tau \in S_4$ を $\sigma = (1\ 2\ 3)$, $\tau = (2\ 3)$ で定める。このとき，$(**)$ を示せ。

【3】 よって，$\theta_1, \theta_2, \theta_3$ の基本対称式は，G 全体で不変であるので，F の要素で書ける。実際，計算すると，

$$\theta_1 + \theta_2 + \theta_3 = 2a$$
$$\theta_2\theta_3 + \theta_3\theta_1 + \theta_1\theta_2 = a^2 - 4c$$
$$\theta_1\theta_2\theta_3 = -b^2$$

となる。

演習問題 10-2 これを確かめよ。

よって，F 上の 3 次方程式

$$z^3 - 2az^2 + (a^2 - 4c)z + b^2 = 0 \qquad\qquad (***)$$

を解くことで，$\theta_1, \theta_2, \theta_3$ が求まる。

【4】 後は，

- $\beta_{12}\beta_{34} = \theta_3$ と $\beta_{12} + \beta_{34} = 0$ から $\beta_{12} = \alpha_1 + \alpha_2$ と $\beta_{34} = \alpha_3 + \alpha_4$ を解にもつ 2 次方程式を立てて解く。
- $\beta_{13}\beta_{24} = \theta_2$ と $\beta_{13} + \beta_{24} = 0$ から $\beta_{13} = \alpha_1 + \alpha_3$ と $\beta_{24} = \alpha_2 + \alpha_4$ を解にもつ 2 次方程式を立てて解く。

これで β_{12} と β_{13} が求まり，題意の 4 次方程式（*）が解かれたことになる。

【5】 以上より，題意の 4 次方程式（*）は，

(a) $b \neq 0$

(b) $\theta_1, \theta_2, \theta_3$ が互いに相異なる。すなわち，分解方程式（***）が重解をもたない。

という仮定のもとに，その解法は，

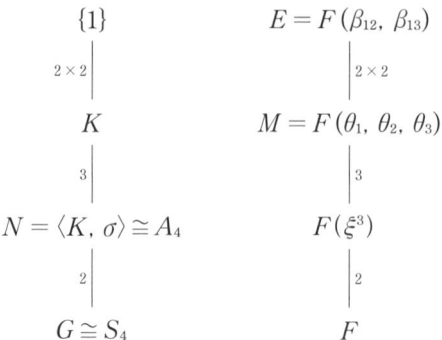

というガロア対応で，完全に記述されることになる。ただし，$\xi = \theta_1 + \omega^2\theta_2 + \omega\theta_3$ などとした（3次方程式の解法のときに使った記号である）。

　上の図の右側で，F から $M = F(\theta_1, \theta_2, \theta_3)$ に到達するまでが，3次方程式（＊＊）を解く部分であり，この部分は3次方程式の解法（第8章2.2節）で見たように，2次方程式を解く部分（拡大 $F(\xi^3)/F$）と3乗根をとるというクンマー拡大の部分 $M/F(\xi^3)$ に分解される。M から E に至るには，K が位数2の巡回群 $\mathbb{Z}/2\mathbb{Z}$ の2つの直積群 $\mathbb{Z}/2\mathbb{Z} \times \mathbb{Z}/2\mathbb{Z}$ に同型であることを反映して，2次方程式を2回解くことになる[※1]。

2　代数的可解性

2.1　代数的解法

　体 F 上の**代数方程式**とは，F 上の1変数多項式 $f(x) \in F[x]$ によって，

$$f(x) = 0$$

の形の方程式のことであった（第1章定義2.3.1）。

※1　以上の解法は実質的にフェラーリが見つけた解法であり，ここではガロア対応を用いてある程度必然的な流れの中で導き出すことができたが，フェラーリの頃にはこのような考え方はなかったであろうから，やはりカンがよかったのだろうと思われる。

代数方程式の**代数的解法**については，すでに 13 ページでインフォーマルな形で述べていた。ここでそれに対して，きちんとした定義を与えよう。

定義 2.1.1（代数的可解性）

F 上の代数方程式 $f(x)=0$ が**代数的に可解**であるとは，そのすべての解が，F の要素から出発して，四則演算とべき根をとることを有限回行なって得られることをいう。これは，次のように言い換えられる：$f(x)$ の F 上の最小分解体を E とする。このとき，体拡大の中間体の有限列

$$F = M_0 \subset M_1 \subset M_2 \subset \cdots \subset M_{r-1} \subset M_r = E \qquad (\dagger)$$

が存在して，次を満たす。
★ $i = 0, 1, \cdots, r-1$ について，体拡大 M_{i+1}/M_i はべき根拡大である。すなわち，なんらかの $\alpha_i \in M_i$ と自然数 m_i によって，

$$M_{i+1} = M_i\left(\sqrt[m_i]{\alpha_i}\right)$$

最初の体 F から出発するとは，F の中に入っている数はすべて既知であるということだと解釈しよう。このとき，何らかの F の数のべき根をとることで，次の段階である M_1 に至る。このとき，M_1 の中の数はすべて F の数と，今とったべき根によって四則演算で書けるので知っている数になる。そして，その中の適当な数のべき根をとることで，次の M_2 にジャンプする。これを何回か繰り返すことで，最小分解体 E に至ることができれば，E の中に入っている $f(x)=0$ の解はすべて知っている数になる。「代数的に解ける」とは，このようなことを意味している概念なのである。

2.2 代数的解法の例

今まで見てきたように，4 次までの代数方程式は代数的な解法をもっている。すなわち，代数的に可解である。このことを上の定義に照らして，確認しよう。

―― 例 2.2.1 （2 次方程式）――――――――――――

2 次方程式 $x^2 + ax + b = 0$ は代数的に可解である。実際, E/F は高々 2 次拡大であり, 判別式 $D = a^2 - 4b$ によって

$$K = F(\sqrt{D})$$

この場合, 体拡大 E/F は（一般的には）2 次の巡回拡大であり, F は 1 の原始 2 乗根である -1 を含んでいるので, これは 2 次のべき根拡大である（第 9 章定理 2.2.2）。すなわち, この場合は定義 2.1.1 の体拡大の列（†）として

$$F \subset E = F(\sqrt{D})$$

がとれている。

―― 例 2.2.2 （3 次方程式）――――――――――――

3 次方程式 $x^3 + ax + b = 0$ は代数的に可解である。実際, 分解方程式 $t^2 + 27bt - 27a^3 = 0$ の判別式を D, その根のひとつを α $(= \xi^3)$ とするとき

$$E = M(\sqrt[3]{\alpha})$$
$$\Big|_3$$
$$M = F(\sqrt{D})$$
$$\Big|_2$$
$$F$$

この場合は, 途中で 3 次の巡回拡大が出てくるので, これをべき根拡大についてするために, あらかじめ体 F に 1 の原始 3 乗根を入れておく。そうすると, 第 9 章定理 2.2.2 より上の 2 段階の拡大がどれもべき根拡大になる。すなわち, 定義 2.1.1 の体拡大の列（†）は

$$F \subset M = F(\sqrt{D}) \subset E = M(\sqrt[3]{\alpha})$$

となる。

例 2.2.3（4 次方程式）

4 次方程式 $x^4 + ax^2 + bx + c = 0$ は代数的に可解である。実際，上で用いた記号で

$$E = F(\beta_{12}, \beta_{13})$$
$$\Big|_{2 \times 2}$$
$$M = F(\theta_1, \theta_2, \theta_3)$$
$$\Big|_{3}$$
$$F(\xi^3)$$
$$\Big|_{2}$$
$$F$$

であるが，下の2段は3次の分解方程式の解法であり，その上の段では2次方程式を2回解いている。

この場合も，途中で3次の巡回拡大が出てくるので，あらかじめ体 F に1の原始3乗根を入れておく。この場合の定義 2.1.1 の体拡大の列（†）は

$$F \subset F(\xi^3) \subset M = F(\theta_1, \theta_2, \theta_3) \subset M(\beta_{12}) \subset M(\beta_{12}, \beta_{13}) = E$$

となる。

2.3 代数的可解性の条件

ガロア理論の基本定理と第9章定理 2.2.2 から，次がわかる。

定理 2.3.1 （代数的可解性の条件）

F を $\mathbb{Q}$ の拡大体とし，F 上の n 次代数方程式 $f(x)=0$ の最小分解体を E とする。また，F は 1 の原始 $n!$ 乗根を含むとする。このとき，$f(x)=0$ が代数的に可解であるための必要十分条件は，ガロア群 $G=\mathrm{Gal}(E/F)$ の部分群の列

$$G=N_0 \supseteq N_1 \supseteq N_2 \supseteq \cdots \supseteq N_{r-1} \supseteq N_r=\{1\}$$

で，次を満たすものが存在することである。

★ $i=0, 1, \cdots, r-1$ について，N_{i+1} は N_i の正規部分群であり，N_i/N_{i+1} は巡回群である。

　最後の条件は，G 全体から出発して，各段階での剰余群が巡回群でとれるような，部分群の列によって単位群 $\{1\}$ まで到達できること，つまり巡回群というハシゴだけを有限回降りて $\{1\}$ に到達できることである。これはもちろん，代数的可解性の定義（定義 2.1.1）において，出発点の体 F から最小分解体 E までべき根拡大というハシゴだけを有限回登って到達できることと（ガロア対応を通じて）対応している。

　ここであらかじめ F に 1 の原始 $n!$ 乗根を含ませていることに注意しよう。これは，n 次対称群 S_n の位数が $n!$ なので，$f(x)=0$ の F 上のガロア群の位数は $n!$ の約数であり，よって，そこから生じる巡回拡大の拡大次数が常に $n!$ の約数であることに由来している。もちろん，必要な 1 のべき根の次数を $n!$ より小さくできることも個々の場合としてはあり得るが，一般的に十分大きな数をとっているということである。その場合，基礎体 F は必ず必要な 1 のべき根を含んでいるので，巡回拡大は必ずべき根拡大となる（第9章定理 2.2.2）。これとガロア対応から，上の定理がわかる。

定義 2.3.2 （可解群）

定理の条件を満たす有限群を**可解群**という。

したがって，与えられた代数方程式 $f(x)=0$ が（1の原始 $n!$ 乗根を含む体 F 上で）代数的に可解であるための必要十分条件は，対応するガロア群 $\mathrm{Gal}(E/F)$（E は $f(x)=0$ の F 上の最小分解体）が可解群であるということになる。

　ここでは，代数方程式の代数的可解性とガロア群の可解性とが同値であることを「考えている基礎体 F が十分に多くの1のべき根を含む」という追加条件のもとに説明した。実は，この追加条件は必要ないことが知られている。つまり，次の定理が成り立つ（証明は省略する[※2]）。

定理 2.3.3（代数的可解性の条件）

F を $\mathbb{Q}$ の拡大体とし，F 上の n 次代数方程式 $f(x)=0$ の最小分解体を E とする。このとき，$f(x)=0$ が代数的に可解であるための必要十分条件は，ガロア群 $G=\mathrm{Gal}(E/F)$ が可解群であることである。

※2　詳細はアルティン『ガロア理論入門』p.149 や桂利行『代数学 III　体とガロア理論』p.68 などを参照のこと。

第11章　方程式の可解性（2）

1　代数的可解性

第 10 章定義 2.1.1 では，体 F 上の代数方程式 $f(x)=0$ の代数的可解性という概念を定義し，第 10 章定理 2.3.1 では，代数的可解性の判定条件を述べた。

F 上の代数方程式 $f(x)=0$ が代数的に可解であるとは，F の要素から出発して四則演算とべき根をとるという 5 種類の操作を適当に組み合わせることで，方程式 $f(x)=0$ の解がすべて書けるということであるが，これを言い換えれば，方程式 $f(x)=0$ のすべての解が F からべき根拡大を有限回とって得られる拡大体の中に入ることである。つまり，$f(x)$ の F 上の最小分解体 E による拡大 E/F の中間体の列

$$F=M_0\subset M_1\subset M_2\subset \cdots \subset M_{r-1}\subset M_r=E \qquad （†）$$

で，各拡大 M_{i+1}/M_i $(i=0,1,\cdots,r-1)$ がべき根拡大になっている，つまり

$$M_{i+1}=M_i\bigl(\sqrt[m_i]{\alpha_i}\bigr) \quad (\alpha_i\in M_i,\ m_i\text{ は自然数})$$

という形になっているものが存在することである。

つまり，F から出発して「べき根拡大というハシゴ」を有限回登っていけば，$f(x)$ の F 上の最小分解体 E に登っていけるということが，$f(x)=0$ が代数的に可解であるということの意味である。

そして，このことを群の言葉に翻訳するというところが，ガロア理論のキモである。すなわち，ガロア群 $G=\mathrm{Gal}(E/F)$ の群論的な性質に帰着されるということである。具体的には，F 上の代数方程式 $f(x)=0$ が代数的に可解であるための必要十分条件は，ガロア群 $G=\mathrm{Gal}(E/F)$ が可解群であること，すなわち G の部分群の列

$$G = N_0 \supseteq N_1 \supseteq N_2 \supseteq \cdots \supseteq N_{r-1} \supseteq N_r = \{1\}$$

で，次の条件を満たすものが存在することである。

> ★ $i = 0, 1, \cdots, r-1$ について，N_{i+1} は N_i の正規部分群であり，N_i / N_{i+1} は巡回群である。

　つまり，中間体の列（†）における各々の「べき根拡大というハシゴ」が，巡回群 N_i / N_{i+1} に対応しているわけだ。したがって，対応するガロア群 G は，いわば「巡回群というハシゴ」を降りていけば，単位群 $\{1\}$ まで降りていけるということが，G が可解群であるということであり，これが方程式 $f(x) = 0$ の代数的可解性のための判定条件なのである。

　第 10 章では，このことを F が十分に多くの 1 のべき根を含んでいるという追加条件のもとに説明した。この追加条件のもとでは，巡回拡大はべき根拡大である（第 9 章）ので，この判定条件は，ガロア対応（ガロア理論の基本定理（第 7 章定理 2.1.1））からすぐにわかる。

1.1　代数的可解性の条件・補足 1

　上の条件★は，次の（見かけ上弱い）条件で置き換えても，実は同値である。

> ★′ $i = 0, 1, \cdots, r-1$ について，N_{i+1} は N_i の正規部分群であり，N_i / N_{i+1} はアーベル群である。

[証明] 巡回群はアーベル群なので，「★ $\Rightarrow$ ★′」であることは明らかである。逆向き「★′ $\Rightarrow$ ★」を示す。有限アーベル群の基本定理（第 4 章定理 1.2.6）より，各 N_i / N_{i+1} は有限個の巡回群の直積に分解する。

$$N_i / N_{i+1} \cong C_1 \times C_2 \times \cdots \times C_r$$

ここで各 C_j は有限巡回群である。$j = 0, 1, 2, \cdots, r$ について

$$H_j = C_{j+1} \times \cdots \times C_r$$

として，標準的射影 $\pi : N_i \to N_i/N_{i+1} = C_1 \times C_2 \times \cdots \times C_r$ によって，

$$N'_j = \pi^{-1}(H_j)$$

とする。こうすると，

$$N_i = N'_0 \supseteq N'_1 \supseteq N'_2 \supseteq \cdots \supseteq N'_r = N_{i+1}$$

となって，

$$N'_j/N'_{j+1} \cong C_{j+1} \quad (巡回群)$$

となる。よって，N_i と N_{i+1} の間に $N'_1, N'_2, \cdots, N'_{r-1}$ を挟み込めば，新しくできた G の部分群の列は★を満足する。   □

1.2 代数的可解性の条件・補足2

条件★は，さらに次の条件で置き換えても，実は同値である。

　★″ $i = 0, 1, \cdots, r-1$ について，N_{i+1} は N_i の正規部分群であり，N_i/N_{i+1} は素数位数の群である。

証明 素数位数の群は巡回群である（第4章定理3.3.3）ので，「★″⇒★」は明らかである。逆向き「★⇒★″」を示す。N_i/N_{i+1} が巡回群であったとして，その位数を n とする。また，g をその生成元とする。n が素数 p で割れるとして，$n = pn'$ とする。$h = g^{n'}$ として，h で生成される部分群を C とすると，C は位数 p の（巡回）群である。標準的射影 $\pi : N_i \to N_i/N_{i+1}$ によって，$N' = \pi^{-1}(C)$ とすると，

$$N_i \supseteq N' \supseteq N_{i+1}$$

であり，

$$N'/N'_{j+1} \cong C \quad (位数 p の巡回群)$$

となり，N_i/N' は位数が $n' = n/p$ である。

以上の操作を繰り返すと，N_i と N_{i+1} の間にいくつかの $N'_1,\ N'_2,\ \cdots,\ N'_{r-1}$ を挟み込んで，新しくできた G の部分群の列は★″を満足するようにできる。

□

2　アーベル・ルフィニの定理

2.1　アーベル・ルフィニの定理

我々はついに「5 次以上の代数方程式は代数的に解けるとは限らない」ということ，つまり 5 次以上の代数方程式すべてに適用できる代数的な「解の公式」は存在しないということを主張している「アーベル・ルフィニの定理」を証明するところまで漕ぎ着けた。

定理 2.1.1（アーベル・ルフィニ）

　5 次以上の一般代数方程式は，代数的解法をもたない。

このような「代数的可解性」についての定理を証明するために，我々が長い間見てきたガロア理論が何を教えてくれたのか。それは「5 次以上の一般代数方程式のガロア群が可解群ではない」ことを証明すればよいのだ，ということである。一般に，n 次方程式のガロア群が n 次対称群 S_n の部分群に同型であったことを思い出そう。実は，ある種の状況では，そのガロア群がぴったり S_n に同型になることが知られている。

事実

　$n \geqq 5$ について，体 F をうまくとれば，体 F 上の n 次既約代数方程式で，その F 上のガロア群がちょうど S_n（n 次対称群）に同型であるものが存在する。

この事実は，**一般代数方程式**の概念を用いて証明されるのが通例である。こ

こで一般代数方程式というのは、例えば x についての多項式による方程式

$$f(x) = x^n + a_1 x^{n-1} + \cdots + a_{n-1} x + a_n = 0$$

で、その係数 $a_1, a_2, \cdots, a_n$ も（具体的な数ではなく）文字として扱ったものを意味している。したがって、この方程式が定義されている体は、有理数体 $\mathbb{Q}$ や複素数体 $\mathbb{C}$ などの「数の体」ではなく、n 個の文字 $a_1, a_2, \cdots, a_n$ に関する**有理関数体**（第1章注意 2.1.4 参照）

$$K(a_1, a_2, \cdots, a_n)$$

（K は例えば $\mathbb{Q}$ などの体）である。$F = K(a_1, a_2, \cdots, a_n)$ という大きな体の上で代数方程式 $f(x) = 0$ を考えれば、その F 上のガロア群は S_n に同型になることがわかる[1]。

　具体的な代数方程式ではなく一般代数方程式に注目する理由は、他にもある。我々が興味のあることは、5次以上のあれこれの具体的な方程式が代数的に解けるか解けないかということではなく、それに代数的な「解の公式」があるか否かということであった。そして解の公式は、存在するならば（安直に考えれば）方程式の係数 $a_1, a_2, \cdots, a_n$ に関する文字式で与えられるべきだろう。そして、その「公式」の文字 $a_1, a_2, \cdots, a_n$ に、具体的な数を代入することで、具体的な方程式の解が求められるはずだ。ということは、「解の公式」について考えているとき、我々は無意識的に「一般代数方程式」を考えているのである。だから、有理関数体 $F = K(a_1, a_2, \cdots, a_n)$ のような大きな体の上で方程式を考えるというのは心理的にはちょっとした障害になるかもしれないが、実は我々が方程式やその解法を一般的に考えるときに、普段からやっていることに他ならないのである。

　一般代数方程式に対する概念は**数値的代数方程式**である。係数 $a_1, a_2, \cdots, a_n$ が具体的な数である場合である。この場合、そのガロア群を決定することは、一般には容易ではない。例えば $f(x)$ が F 上既約である場合、その F 上のガロア群に同型になりえる S_n の部分群は、ある程度群論的に特別の性質をもつ

---

[1] 詳細はアルティン『ガロア理論入門』p.153 や桂利行『代数学 III　体とガロア理論』p.52 などを参照のこと。

ので，いくつかの可能性に絞り込むことはできる。幸運なら，群論的な性質を詳しく絞ることで，そのガロア群を決定することもできる。

いずれにしても，上の事実を認めれば，アーベル・ルフィニの定理を証明するためには，次が示されればよいことがわかる：$n \geqq 5$ なら，S_n は可解群ではない。

もちろん，代数的可解性について我々は1のべき根が十分に存在するという追加条件を課しているので，厳密にはこれについて少々手続き的処理が必要となる。具体的には，上で K として有理数体 $\mathbb{Q}$ ではなく，1のべき根を十分に多く含む体（例えば，複素数体 $\mathbb{C}$）を考えればよい。すなわち，$F = \mathbb{C}(a_1, a_2, \cdots, a_n)$ 上の一般代数方程式として，上の $f(x) = 0$ を考えればよい。

2.2 交換子群

というわけで，アーベル・ルフィニの定理の証明は「対称群 S_n の非可解性」という，完全に群論の事実の証明に帰着されることになった。ここに，ガロア理論（ガロア対応）の威力がある。

さて，$n \geqq 5$ のときの n 次対称群 S_n が可解群でないことを証明するための方法はいくつかある。ひとつの方法は S_n の中の位数2の正規部分群である交代群 A_n が，$n \geqq 5$ のときに**単純群**であるということを示す方法である。ここで単純群とは，自分自身と単位元だけからなる部分群 $\{e\}$ より他に正規部分群をもたない群のことである。

この方法は群論的にかなり高級な方法である。ここではそこまで高級ではないが，技術的に簡単な方法を示そう。そのために，いくつか群論の一般的な概念と技術が必要である。

定義 2.2.1（交換子）

G を群とする。G の2つの元 $g, h \in G$ について，

$$[g, h] = ghg^{-1}h^{-1}$$

とおいて，これを g と h の**交換子**という。

演習問題 11-1 g と h が可換（$gh = hg$）であるための必要十分条件は，$[g, h] = e$ であることを示せ。

演習問題 11-2 $g, h, a \in G$ について，次の等式を示せ。

$$a[g, h]a^{-1} = [aga^{-1}, aha^{-1}]$$

演習問題 11-3 $n \geq 5$ として，$G = S_n$ とする。互いに異なる５つの文字 a, b, c, d, e の置換について，次の等式を示せ。

$$[(a\ b\ d), (a\ c\ e)] = (a\ b\ c)$$

定義 2.2.2（交換子群）

G の交換子全体で生成される部分群を，G の**交換子群**といい，$D(G)$ で書き表す。

演習問題 11-2 より，$D(G)$ は G の正規部分群である。また，$D(G)$ は次の性質をもっている。

補題 2.2.3

G を群とし，N を G の正規部分群とする。このとき，G/N がアーベル群であることと，$D(G) \subseteq N$ であることが同値である。

証明 $\pi : G \to G/N$ を標準的射影とする（$\pi(g) = gN$）。

G/N が可換とする。任意の g, $h \in G$ について，$\pi(g)$ と $\pi(h)$ は可換なので，

$$\pi([g, h]) = \pi(ghg^{-1}h^{-1}) = \pi(g)\pi(h)\pi(g)^{-1}\pi(h)^{-1} = [\pi(g), \pi(h)] = e$$

より，$[g, h] \in N$ である。つまり N は G のすべての交換子を含む。よって，$D(G) \subseteq N$ である。

逆に $D(G) \subseteq N$ とする。このとき，任意の gN, $hN \in G/N$ について，

$$[gN, hN] = [\pi(g), \pi(h)] = \pi([g, h]) = [g, h]N$$

だが，$[g, h] \in D(G) \subseteq N$ なので，これは G/N の単位元である。よって，任意の gN, $hN \in G/N$ は可換であり，G/N はアーベル群である。　　□

2.3　非可解性の証明

以上によって，次の定理を証明する準備が整った。

┌─ 定理 2.3.1 ──────────────────────

　$n \geqq 5$ のとき，S_n は可解群ではない。

└────────────────────────────────

上でも述べたように，この定理が示されれば，アーベル・ルフィニの定理（定理 2.1.1）が証明されたことになる。

証明　もし $G = S_n$ が可解群なら，G の部分群の列

$$G = N_0 \supseteq N_1 \supseteq N_2 \supseteq \cdots \supseteq N_{r-1} \supseteq N_r = \{1\}$$

で，$i = 0, 1, \cdots, r-1$ について，N_{i+1} は N_i の正規部分群であり，N_i / N_{i+1} はアーベル群であるものがある。前ページの補題より，次がわかる。

$$N_1 \supseteq D(G), \ N_2 \supseteq D(N_1) \supseteq D(D(G)), \ N_3 \supseteq D(N_2) \supseteq D(D(D(G))), \ \cdots$$

よって，$D(D(\cdots D(G) \cdots))$（D を r 回施したもの）が単位元だけになっているはずである。

しかし，これは次の考察から否定される：G の部分群 H が G の長さ 3 の巡回置換 $(a \ b \ c)$ をすべて含むならば，$D(H)$ も G の長さ 3 の巡回置換をすべて含む。実際，任意の相異なる 3 つの文字 a, b, c について，これらと異なる 2 つの文字 d, e をとると（$n \geqq 5$ なのでこれは可能），演習問題 11-3 より

$$(a\ b\ c) = [(a\ b\ d),\ (a\ c\ e)] \in D(H)$$

となる。このことから，$G = S_n$ から出発して，何回 D をとって $D(G)$，$D(D(G))$，…を考えても，それらは必ず長さ 3 の巡回置換をすべて含み，決して単位元だけの群にはなり得ない。

　以上より，背理法によって，S_n（$n \geqq 5$）が可解群でないことがわかる。　□

　ところで，$n \leqq 4$ のときは S_n はすべて可解群である。実際，$S_1 = \{e\}$ と S_2 はアーベル群なので可解である。また，3 次方程式の解法（第 8 章 2 節）で見たように，S_3 は

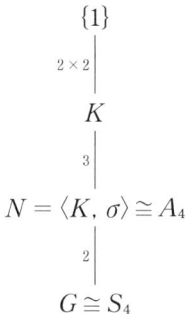

という「巡回群によるハシゴ」をもっている（ここで $\sigma = (1\ 2\ 3)$ とした）ので可解群である。最後に，4 次方程式の解法（第 10 章 1 節）で見たように，S_4 の「アーベル群によるハシゴ」としては

がとれるので S_4 も可解群である。

以上より，n 次対称群 S_n は $n \geqq 5$ のとき非可解であり，$n < 5$ のときは可解である。

第12章　作図問題

　前章までで，我々の目標であった「代数方程式のガロア理論」についての議論は終わった。この最後の章では，ガロア理論の応用のひとつについて述べよう。ガロア理論にはたくさんの重要な応用がある。この章で述べる「作図問題」も，重要な応用のひとつである。これはギリシャの三大難問（角の3等分問題・立方体の倍積問題・円積問題）として知られている古典的な問題の一部に解答を与えるだけの威力がある。また，正多角形の，作図可能性についての古典的な問題にも，完全な解答を与えることができる。

1　作図

1.1　作図可能な点

　まず最初に，「作図」とか「作図できる」とかいう言葉の意味することを数学的に厳密に定義する必要がある（さもないと，作図の問題とガロア理論を結びつけることができない）。実は，作図の概念をきちんと定義すれば，作図問題をきれいに体の拡大の言葉に乗せることができる。その重要な骨子は，すぐ後に現れる定理1.1.1の中に，すでにすべて現れていると言ってもよい。

　ここで作図と言っているのは定規とコンパスによる作図というものである。ここで定規とは目盛りのない，ただ2点を通る直線を引くことができるだけの道具であり，コンパスも与えられた線分を半径とする円を描くことができるだけの道具である。目盛りがないということ，つまり長さや角度を測ることはできないということが，ここでは重要だ。長さや角度を測るといった計量的な操作なしで，純粋に点と線の幾何学だけで作図できる図形を考えようというのが趣旨である。

　したがって，大事なのは「作図可能な図形」とは何かということを，数学的

に定式化することだ。しかし，平面上の図形はすべて点と線でできているから，基本的には「作図可能な点」を定義することに帰着する。そこで，平面を複素数平面として考え，その上の点（＝複素数）が作図可能という条件を考えることになる。複素数平面上の図形の中で「（定規とコンパスで）作図可能な図形」というものを定めたい。これは次の条件で定められる[1]。

(a) 0 と 1 は作図可能である。

(b) 作図可能な 2 点を通る直線は作図可能である。

(c) 作図可能な点を中心とし作図可能な点を通る円は作図可能である。

(d) 作図可能な 2 つの図形の交点は作図可能である。

(e) 以上のようにして得られる点や図形のみが作図可能である。

条件(e)はいくぶん不正確であるが，これは 0 と 1 から出発して(b)から(d)までの操作を有限回繰り返して得ることのできる点のみが作図可能な点である，ということを要求した条件である。

複素数平面上の作図可能な点全体のなす部分集合を K とする。

定理 1.1.1

K は複素数体 $\mathbb{C}$ の部分体である。

演習問題 **12-1**　実軸は作図可能である。また，実数 a が作図可能であることと $-a$ が作図可能であることは同値であり，さらに ai が作図可能であることとも同値である。

※1　これらの条件は，ユークリッド『原論』第 1 巻における作図の概念をもとに定められていると見ることもできる。

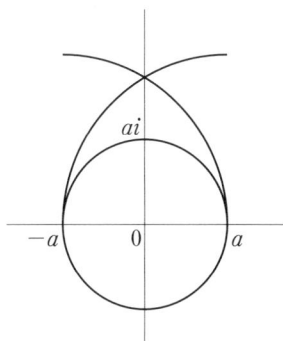

図 12.1 演習問題 12-1 の作図

演習問題 12-2 実数 a, b が作図可能であることと,複素数 $a+bi$ が作図可能であることは同値である。

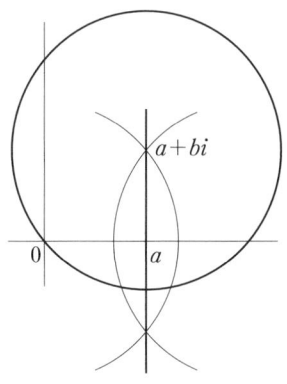

図 12.2 演習問題 12-2 の作図

演習問題 12-3 作図可能な実数 a, b に対して $a+b$ も作図可能である。したがって,作図可能な複素数 α, β に対して $\alpha+\beta$ も作図可能である。

演習問題 12-4 作図可能な実数 a, b に対して ab も作図可能である。した

がって，作図可能な複素数 α, β に対して $\alpha\beta$ も作図可能である。

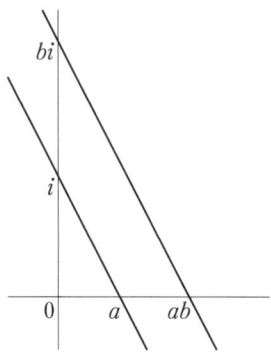

図 12.3 演習問題 12-4 の作図

演習問題 12-5 作図可能な 0 でない実数 a に対して a^{-1} も作図可能である。したがって，作図可能な 0 でない複素数 α に対して α^{-1} も作図可能である。

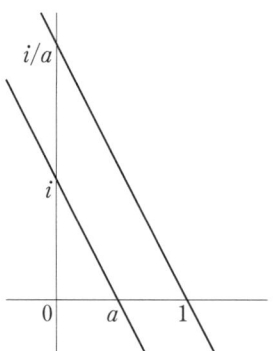

図 12.4 演習問題 12-5 の作図

1.2 作図可能な点の特徴付け

　以上で作図可能な複素数平面全体 K は，複素数体 $\mathbb{C}$ の部分体であることがわかった。すなわち，K は四則演算で閉じている。次の定理は，K は四則演

算だけでなく平方根をとる（2次方程式を解く）という操作でも閉じていることを示している。

定理 1.2.1

$a, b \in K$ であるとき，すなわち，a, b が作図可能な複素数であるとき，2次方程式 $x^2 + ax + b = 0$ の解も作図可能である。

証明 題意の方程式は，$X = x + \dfrac{a}{2}$，$d = \dfrac{a^2 - 4b}{4}$ とすると，$X^2 = d$ と同値である。よって，この形の方程式 $x^2 = d$（d は作図可能複素数）の解が作図可能であることを示せばよい。

【ステップ1】 d が実数のとき。$d < 0$ なら $x^2 = -d$ の正の解 $\sqrt{-d}$ を原点の周りで回転させて，虚軸にとり直せばよい。よって，$d > 0$ とする。直径 $1 + d$ の半円を描き，その直径を $d : 1$ に内分した点をとる。この点から直径に垂線を立てて，半円との交点となす線分の長さを x とすると，$1 : x = x : d$ なので $x^2 = d$ である。

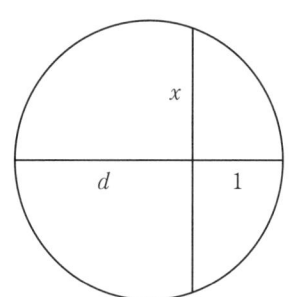

図 12.5 定理 1.2.1 の証明のステップ1の作図

【ステップ2】 d が一般の複素数のとき。$d = r(\cos\theta + \sin\theta)$ と極座標表示（$r > 0$）して，$\sqrt{r}$ を作図し，さらに角 θ を2等分する。ステップ1から $\sqrt{r}$ を作図することは可能なので，原点中心の半径 $\sqrt{r}$ の円と角 θ の2等分線との交点を考えればよい。　□

定理 1.2.1 に基づいて，作図可能な複素数は次のように特徴付けられる。

定理 1.2.2

複素数 α が作図可能ならば，次を満たす体拡大の列

$$\mathbb{Q} = F_0 \subset F_1 \subset \cdots \subset F_n$$

が存在する。
- $\alpha \in F_n$
- $i = 0, 1, \cdots, n-1$ について $[F_{i+1} : F_i] = 2$

つまり，ある複素数 α が作図可能であるための必要十分条件は，それが有理数から出発して高々有限回の 2 次方程式を解くことで得られることであるというわけだ。

証明 0，1 から出発して，定規とコンパスによる作図で α に至るまで，その途中では直線と直線との交点，直線と円との交点，円と円との交点を何回か求めている。その際，交点を求めるために解かれる方程式は，高々 2 次方程式である。よって，交点を求めるそれぞれの段階で，その交点によって生成される拡大体は，高々 2 次拡大であり，α はその積み重ねとして得られた拡大体の中に入る。 $\square$

定理 1.2.2 によって，作図可能な複素数がどのようなものか明確にわかったと同時に，作図可能でない複素数も明確になった。これによって，ギリシャ以来の作図問題の数々に取り組むことができる。

2 作図問題

2.1 角の3等分問題

次の定理は，角の3等分は我々が最初に設けた意味での「作図」のルールでは一般的に不可能であることを示している。

> **定理 2.1.1（角の3等分の不可能性）**
>
> 作図可能な角（作図可能な3点によって作られる角度）の3等分を与える点は一般に作図不可能である。

証明 題意が可能であるためには，一般の角 θ に対して，$\cos\theta$ から $\cos(\theta/3)$ が作図できなければならない。$x = \cos(\theta/3)$ とすると，3倍角公式により

$$4x^3 - 3x = \cos\theta$$

である。$\cos\theta$ が有理数になるような θ は無限に多くあるが，そのような一般の θ に対しては $f(x) = 4x^3 - 3x - \cos\theta$ は $\mathbb{Q}$ 上既約である。よって，その根のひとつを α とすると，$\mathbb{Q}(\alpha)$ は $\mathbb{Q}$ 上の3次拡大である。一方，α が作図可能なら，拡大体 $F/\mathbb{Q}$ で $\alpha \in F$ かつ $[F:\mathbb{Q}]$ が2のべきになるものがとれる。$\mathbb{Q}(\alpha)$ は F の部分体なので，$[\mathbb{Q}(\alpha):\mathbb{Q}]$ は $[F:\mathbb{Q}]$ の約数であり，よって2のべきでなければならないが，$[\mathbb{Q}(\alpha):\mathbb{Q}] = 3$ なので，これは矛盾である。　　□

2.2 立方体の倍積問題

> **定理 2.2.1（立方体倍積の不可能性）**
>
> 一般の作図可能な長さ a に対して，体積が $2a^3$ になるような立方体の一片の長さを作図することは不可能である。

証明 これは $\sqrt[3]{2}$ が作図不可能であることを示せば十分である。$\alpha = \sqrt[3]{2}$ の $\mathbb{Q}$ 上の最小多項式は $x^3 - 2$ であるから，$[\mathbb{Q}(\alpha):\mathbb{Q}] = 3$ である。よって，α が作図可能であるとすると，定理 2.1.1 の証明と同様の矛盾が生じる。　　　□

2.3　正多角形の作図可能性

1796 年 3 月 30 日の朝に 19 歳の青年ガウスが目覚めると同時に，正 17 角形が作図可能であることを発見したということである。一般に，p を素数とするとき，正 p 角形が作図可能であるための必要十分条件は，次の定理で与えられる。

> **定理 2.3.1（作図可能な正素数角形の特徴付け）**
>
> p を素数とする。正 p 角形が作図可能であるための必要十分条件は，p が
>
> $$p = 2^{2^n} + 1$$
>
> （n は 0 以上の整数）の形であることである。

証明 題意は 1 の原始 p 乗根 ζ_p が作図可能であることである。ζ_p の $\mathbb{Q}$ 上の最小多項式は

$$p(x) = \frac{x^p - 1}{x - 1} = x^{p-1} + x^{p-2} + \cdots + x + 1$$

である。特に $[\mathbb{Q}(\zeta_p):\mathbb{Q}] = p - 1$ なので，ζ_p が作図可能ならば，$p - 1$ が 2 のべきである，すなわち

$$p = 2^m + 1$$

の形である。

ここで，$2^m + 1$ は素数であるが，もし m が奇数の素数 q で割り切れるとすると，$m = qs$ として，

$$2^m + 1 = (2^s)^q + 1 = (2^s + 1)((2^s)^{q-1} - (2^s)^{q-2} + \cdots + 1)$$

という分解が存在してしまう。よって、m の素因数分解に現れる素数は 2 しかない。すなわち、$m = 2^n$ の形である。よって、$p = 2^{2^n} + 1$ の形である。

逆に、p が $p = 2^m + 1$ の形であるとする。$E = \mathbb{Q}(\zeta_p)$ は $p(x)$ の最小分解体なので $\mathbb{Q}$ 上のガロア拡大であり、$[E : \mathbb{Q}] = p - 1 = 2^m$ である。そのガロア群を G とすると、これは位数 $p - 1$ の巡回群である。実際、法 p の原始根を r とすると、$\sigma = (\zeta_p^r$ 倍写像$)$ が、その生成元となる。そこで σ^{2^i} $(i = 0, 1, \cdots, m)$ で生成される G の部分群を G_i とすると

$$G = G_0 \supseteq G_1 \supseteq \cdots \supseteq G_m = \{e\}, \quad [G_i : G_{i+1}] = 2$$

となる。よって、ガロア理論の基本定理より、$F_i = E^{G_i}$ として

$$\mathbb{Q} = F_0 \subseteq F_1 \subseteq \cdots \subseteq F_m = E = \mathbb{Q}(\zeta_p), \quad [F_{i+1} : F_i] = 2$$

となり、定理 1.2.2 より ζ_p は作図可能である。 □

注意 2.3.2（フェルマー素数）

一般に、$p = 2^{2^n} + 1$ の形の素数を**フェルマー素数**という。$n = 0, 1, \cdots,$ 4 について、これは

$$3, 5, 17, 257, 65537$$

であり、これらはすべて素数である。正 3 角形が作図可能であることは古典的に知られており、ユークリッド『原論』第 1 巻の最初の命題で述べられている。また、正 5 角形が作図可能であることも古典的で、ユークリッド『原論』では第 4 巻に述べられている。$n = 17, 257,$ 65537 についての作図可能性はガウスによるもので、ギリシャ数学以来の進展であった。

┌─ **注意 2.3.3** ─────────────────────────────

フェルマーは $2^{2^n}+1$ の形の数はすべて素数であると予想したが，これは正しくなかった。実際，$n=5$ のときはオイラーによって

$$2^{2^5}+1 = 4294967297 = 641 \times 6700417$$

という素因数分解が与えられている。現在までのところ，$n \geqq 5$ で素数になるものは見つかっていない。

└──────────────────────────────────────

演習問題略解

第 1 章

1-1. 整数全体 $\mathbb{Z}$ は 0 でない数の割り算で閉じていない。実際，1/2（整数 1 を整数 2 で割ったもの）は整数ではない。

1-2. $a + b\sqrt{2}$, $c + d\sqrt{2} \in \mathbb{Q}(\sqrt{2})$ のたし算・ひき算・かけ算は

$$(a + b\sqrt{2}) + (c + d\sqrt{2}) = (a + c) + (b + d)\sqrt{2}$$
$$(a + b\sqrt{2}) - (c + d\sqrt{2}) = (a - c) + (b - d)\sqrt{2}$$
$$(a + b\sqrt{2}) \cdot (c + d\sqrt{2}) = (ac + 2bd) + (ad + bc)\sqrt{2}$$

で，どれも右辺は (有理数) + (有理数) $\sqrt{2}$ という形なので $\mathbb{Q}(\sqrt{2})$ に属している。すなわち，$\mathbb{Q}(\sqrt{2})$ はたし算・ひき算・かけ算で閉じている。$a + b\sqrt{2}$ （a, $b \in \mathbb{Q}$）が 0 でない（つまり，$(a, b) \neq (0, 0)$）ならば，

$$(a + b\sqrt{2}) \cdot \frac{a - b\sqrt{2}}{a^2 - 2b^2} = 1$$

より，$\dfrac{a}{a^2 - 2b^2} - \dfrac{b}{a^2 - 2b^2}\sqrt{2}$ が $a + b\sqrt{2}$ の逆数になるが，これも (有理数) + (有理数) $\sqrt{2}$ という形なので $\mathbb{Q}(\sqrt{2})$ に属している。よって，$\mathbb{Q}(\sqrt{2})$ は 0 でない数による割り算でも閉じている。

1-3. $\mathbb{C}$ がたし算・ひき算・かけ算で閉じていることは，$\mathbb{C}$ の定義から明らか

である。$\alpha = a + bi \in \mathbb{C}$ $(a, b \in \mathbb{R})$ が 0 に等しくないなら，その逆元が

$$\alpha^{-1} = \overline{\alpha} / |\alpha|^2 = \frac{a - bi}{a^2 + b^2} = \frac{a}{a^2 + b^2} + \frac{-b}{a^2 + b^2}i$$

となり，これも $\mathbb{C}$ の要素である。すなわち (実数) + (実数)i の形である。よって，$\mathbb{C}$ は 0 でない数による割り算でも閉じているので，$\mathbb{C}$ は体である。

1-4. $a + bi$, $c + di \in \mathbb{Q}(i)$ $(a, b, c, d \in \mathbb{Q})$ について

$$(a + bi) + (c + di) = (a + c) + (b + d)i$$
$$(a + bi) - (c + di) = (a - c) + (b - d)i$$
$$(a + bi) \cdot (c + di) = (ac - bd) + (ad + bc)i$$

で，これらの右辺はすべて (有理数) + (有理数)i の形なので $\mathbb{Q}(i)$ の要素である。すなわち，$\mathbb{Q}(i)$ は足し算・引き算・掛け算で閉じている。$\alpha = a + bi \in \mathbb{Q}(i)$ $(a, b \in \mathbb{Q})$ が 0 に等しくないなら，その逆元が

$$\alpha^{-1} = \overline{\alpha} / |\alpha|^2 = \frac{a - bi}{a^2 + b^2} = \frac{a}{a^2 + b^2} + \frac{-b}{a^2 + b^2}i$$

となるが，これも (有理数) + (有理数)i の形なので $\mathbb{Q}(i)$ の要素である。よって，$\mathbb{Q}(i)$ は 0 でない数による割り算でも閉じているので，$\mathbb{Q}(i)$ は体である。

第 2 章

2-1.
  (1) 商 $= 3x^2 - 10x + 32$，余り $= -102x^2 + 16x - 62$
  (2) 商 $= \dfrac{3}{2}x^2 + \dfrac{7}{4}x - \dfrac{5}{8}$，余り $= -\dfrac{65}{8}x + \dfrac{25}{4}$

2-2. (b) $\Rightarrow$ (a) は第 1 章命題 2.2.1(b) からわかる。(a) $\Rightarrow$ (b) を示すために，$f(x)$ を L 上の多項式とみて $x - \alpha$ で割り算すると，$x - \alpha$ が 1 次式なので，余りは定数になる。

$$f(x) = (x - \alpha)p(x) + r \quad (r \in L)$$

このとき $r=f(\alpha)=0$ なので $f(x)=(x-\alpha)p(x)$ となる。

2-3. アイゼンシュタイン既約判定法（定理 1.2.5）から，すぐにわかる。

2-4. 次の恒等式に注意する。

$$\frac{x^p-1}{x-1}=x^{p-1}+\cdots+x+1$$

よって，二項定理から

$$f(x+1)=\frac{(x+1)^p-1}{x}$$

$$=x^{p-1}+{}_pC_1 x^{p-2}+{}_pC_2 x^{p-3}+\cdots+{}_pC_{p-3}x^2+{}_pC_{p-2}x+{}_pC_{p-1}$$

ここで，二項係数 ${}_pC_1,\ {}_pC_2,\ \cdots,\ {}_pC_{p-1}$ はすべて p で割り切れる。実際，$k=1,\ 2,$ $\cdots,\ p-1$ について，

$${}_pC_k=\frac{p(p-1)\cdots(p-k+1)}{k!}$$

であり，${}_pC_k\cdot k!=p(p-1)\cdots(p-k+1)$ は p で割り切れるが，k 個の自然数 k, $k-1,\ k-2,\ \cdots,\ 1$ はどれも p で割り切れないので $k!$ は p で割り切れない。よって，${}_pC_k$ は p で割り切れる。また，${}_pC_{p-1}=p$ は p^2 では割り切れない。よって，アイゼンシュタイン既約判定法（定理 1.2.5）から $f(x+1)$ は $\mathbb{Q}$ 上既約であり，したがって $f(x)$ も $\mathbb{Q}$ 上既約である。

2-5. $\alpha=\sqrt[3]{2}$ とすると，$\alpha^3=2$ である。よって，

$$p(x)=x^3-2$$

が $\mathbb{Q}$ 上既約であれば，これが $\sqrt[3]{2}$ の $\mathbb{Q}$ 上の最小多項式である。そこで，これが $\mathbb{Q}$ 上可約であるとしよう。そうすると，これはかならず $x-a\ (a\in\mathbb{Z})$ の形の因数をもつ。つまり，$x^3-2=0$ は整数解 a をもつ。しかし，3 乗して 2 になる整数は存在しない。よって矛盾であるから，$p(x)=x^3-2$ は $\mathbb{Q}$ 上既約であり，$\sqrt[3]{2}$ の $\mathbb{Q}$ 上の最小多項式である。（注：x^3-2 が $\mathbb{Q}$ 上既約であること

は，アイゼンシュタイン既約判定法（定理 1.2.5）からもわかる。演習問題 2-3 を参照。）

2-6. $\sqrt[3]{2}$ は実数なので，$x-\sqrt[3]{2}$ は $\mathbb{R}$ 上のモニック多項式である。また，これは 1 次式なので，明らかに既約である。よって，$\sqrt[3]{2}$ の $\mathbb{R}$ 上の最小多項式は $x-\sqrt[3]{2}$ である。

第 3 章

3-1. 背理法で証明する。

$q(x)=x^4-4x^2+1$ が $\mathbb{Q}$ 上可約であるとすると，（1 次）（3 次）の形か，（2 次）（2 次）の形に分解されるはずである。また，第 2 章定理 1.2.3 より，いずれの場合も，$\mathbb{Z}$ 上のモニックで分解されるはずである。

【ステップ 1】 （1 次）（3 次）の形に分解されるとき。このとき，$q(x)$ は $x-a$ （$a \in \mathbb{Z}$）の形の因数をもつので，$q(a)=0$ である。すなわち，$q(x)=x^4-4x^2+1$ は整数解 a をもつ。しかし，$a^4-4a^2=a(a^3-4a)=-1$ で，-1 の約数は ± 1 に限るので $a=\pm 1$。しかし，$q(1)=-2\neq 0$ かつ $q(-1)=-2\neq 0$ なので，これは矛盾である。

【ステップ 2】 （2 次）（2 次）の形に分解されるとき。このとき，$q(x)$ は

$$q(x)=x^4-4x^2+1=(x^2+ax+b)(x^2+cx+d) \quad (a, b, c, d \in \mathbb{Z})$$

の形に分解される。この右辺を展開すると，

$$x^4+(c+a)x^3+(d+ac+b)x^2+(ad+bc)x+bd$$

となるので，係数比較すると

$$\begin{cases} c + a = 0 \\ d + ac + b = -4 \\ ad + bc = 0 \\ bd = 1 \end{cases}$$

最初の式から $c = -a$ である。また，最後の式から，$(b, d) = (1, 1)$ または $(-1, -1)$ である。

(i) $(b, d) = (1, 1)$ のとき。第2式より，

$$a^2 = 6$$

となるが，これを満たす整数 a は存在しない。

(ii) $(b, d) = (-1, -1)$ のとき。第2式より，

$$a^2 = 2$$

となるが，これを満たす整数 a は存在しない。

以上より，矛盾となるので，$q(x) = x^4 - 4x^2 + 1$ が $\mathbb{Q}$ 上既約であることがわかり，これが $\alpha = \sqrt{2 - \sqrt{3}}$ の $\mathbb{Q}$ 上の最小多項式であることが示された。

3-2. まず，$\alpha_1 \alpha_2 = 1$ に注意する。互換 (1 3) は α_1 を α_3 に写すが，α_2 を固定する。よって，$\alpha_1 \alpha_2 = 1$ という等式に，この入れ換えを施すと，$\alpha_3 \alpha_2 = 1$ とならなければならないが，実際に計算してみると $\alpha_3 \alpha_2 = -1$ なので矛盾である。よって，互換 (1 3) はガロア群 G には入らない。（ガロア群に入るには，互換 (1 3) 単独ではなく，(2 4) も一緒に施して (1 3)(2 4) を考えなければならない。）

3-3. $\sqrt{2} + \sqrt{3}$ は $\sqrt{2}$ と $\sqrt{3}$ から四則演算だけで作れるので，$\mathbb{Q}(\sqrt{2} + \sqrt{3}) \subset \mathbb{Q}(\sqrt{2}, \sqrt{3})$ は明らかである。よって，$\mathbb{Q}(\sqrt{2}, \sqrt{3}) \subset \mathbb{Q}(\sqrt{2} + \sqrt{3})$ を示せば十分であるが，そのためには $\sqrt{3} \in \mathbb{Q}(\sqrt{2} + \sqrt{3})$ を示せばよい。

実際，これが示されれば，$\sqrt{2} = (\sqrt{2} + \sqrt{3}) - \sqrt{3} \in \mathbb{Q}(\sqrt{2} + \sqrt{3})$ なので

$\sqrt{2}$, $\sqrt{3} \in \mathbb{Q}(\sqrt{2}+\sqrt{3})$ となり，$\mathbb{Q}(\sqrt{2}, \sqrt{3}) \subset \mathbb{Q}(\sqrt{2}+\sqrt{3})$ となるからである。

$(\sqrt{2}+\sqrt{3})^2 = 5 + 2\sqrt{6}$ より，$\sqrt{6} \in \mathbb{Q}(\sqrt{2}+\sqrt{3})$ がわかる。よって，$\sqrt{6}(\sqrt{2}+\sqrt{3}) = 2\sqrt{3} + 3\sqrt{2} \in \mathbb{Q}(\sqrt{2}+\sqrt{3})$ となるから，

$$\sqrt{3} = 3(\sqrt{2}+\sqrt{3}) - (2\sqrt{3}+3\sqrt{2}) \in \mathbb{Q}(\sqrt{2}+\sqrt{3})$$

である。

3-4. $f(x)$ を $\mathbb{C}$ 上で因数分解すると

$$f(x) = (x - \sqrt[3]{2})(x - \omega\sqrt[3]{2})(x - \omega^2\sqrt[3]{2})$$

である。ここで $\omega = (-1+\sqrt{-3})/2$ は 1 の原始 3 乗根（3 乗して初めて 1 になる複素数のうちのひとつ）である。$\mathbb{Q}$ 上の最小分解体は

$$\mathbb{Q}(\sqrt[3]{2}, \omega\sqrt[3]{2}, \omega^2\sqrt[3]{2}) = \mathbb{Q}(\sqrt[3]{2}, \omega)$$

3-5.

(1) 2 つの写像 $f \circ \mathrm{id}_X$ と f が等しいことは，任意の $x \in X$ に対して，その像が等しいということであった。$\mathrm{id}_X(x) = x$ なので，$(f \circ \mathrm{id}_X)(x) = f(\mathrm{id}_X(x)) = f(x)$ である。よって，$f \circ \mathrm{id}_X = f$ である。

(2) 任意の $y \in Y$ に対して $\mathrm{id}_Y(y) = y$ である。よって，任意の $x \in X$ に対して，$(\mathrm{id}_Y \circ f)(x) = \mathrm{id}_Y(f(x)) = f(x)$ であり，$\mathrm{id}_Y \circ f = f$ がわかる。

3-6. $f : X \to Y$ が単射であるとし，$y \in Y$ とする。x, $x' \in f^{-1}(\{y\})$ とすると，$f(x) = f(x') = y$ なので $x = x'$ である。これは $f^{-1}(\{y\})$ は 2 つの相異なる要素を含むことはできないということ，すなわち，空集合であるか，または 1 つの要素だけからなる集合であることを示している。

逆に，任意の $y \in Y$ について $f^{-1}(\{y\})$ は空集合であるか，または 1 つの要素だけからなる集合であるとする。x, $x' \in X$ について $f(x) = f(x')$ とするこのとき，$y = f(x) = f(x')$ とすると，x, $x' \in f^{-1}(\{y\})$ であるが，$f^{-1}(\{y\})$

に含まれる要素の個数は高々1個までなので $x = x'$ である。これは f が単射であることを示している。

3-7. $f : X \to Y$ が全射であるとし，$y \in Y$ とする。このとき，$y = f(x)$ となる $x \in X$ が存在する。$x \in f^{-1}(\{y\})$ なので，$f^{-1}(\{y\})$ は空集合ではない。

逆に，任意の $y \in Y$ について $f^{-1}(\{y\})$ が空集合ではないとする。このとき，$f^{-1}(\{y\})$ が空集合ではないので，何らかの要素 x を含んでいる。$x \in f^{-1}(\{y\})$ なので $f(x) = y$ である。これが任意の $y \in Y$ に対して言えるので，f は全射である。

3-8. g が f の逆写像であるための条件「$g \circ f = \mathrm{id}_X$ かつ $f \circ g = \mathrm{id}_Y$」は，$f$ と g の入れ換えに対して対称な条件である。よって，g が f の逆写像なら，f は g の逆写像である。

第4章

4-1. $((ab)c)d = (ab)(cd) = a(b(cd))$ は，すでに本文で示されている。結合法則から $(ab)c = a(bc)$ なので，この両辺に右から d をかけて $((ab)c)d = (a(bc))d$ が得られる。また，結合法則から $(bc)d = b(cd)$ なので，この両辺に左から a をかけて $a((bc)d) = a(b(cd))$ がわかる。

4-2. n に関する数学的帰納法で証明する。$n = 1$ のとき，a^{-1} は定義より a の逆元である。$n = k$ における主張が正しいとして，$n = k+1$ での主張を証明しよう。

$$a^{-(k+1)}a^{k+1} = (a^{-1})^{k+1}a^{k+1} = (a^{-1})(a^{-1})^k a^k a = a^{-1}a^{-k}a^k a$$

帰納法の仮定から $a^{-k}a^k = e$ なので，与式 $= a^{-1}ea = a^{-1}a = e$ となる。また，同様に

$$a^{k+1}a^{-(k+1)} = aa^k a^{-k}a^{-1} = aea^{-1} = aa^{-1} = e$$

である。よって，$a^{-(k+1)}a^{k+1}=a^{k+1}a^{-(k+1)}=e$ が成り立つので，$a^{-(k+1)}$ は a^{k+1} の逆元である。以上より，数学的帰納法によって，題意が証明された。

4-3.

$$\begin{pmatrix} 1 & 2 & 3 \\ 1 & 2 & 3 \end{pmatrix}, \begin{pmatrix} 1 & 2 & 3 \\ 2 & 3 & 1 \end{pmatrix}, \begin{pmatrix} 1 & 2 & 3 \\ 3 & 1 & 2 \end{pmatrix}$$

$$\begin{pmatrix} 1 & 2 & 3 \\ 2 & 1 & 3 \end{pmatrix}, \begin{pmatrix} 1 & 2 & 3 \\ 3 & 2 & 1 \end{pmatrix}, \begin{pmatrix} 1 & 2 & 3 \\ 1 & 3 & 2 \end{pmatrix}$$

4-4. $\sigma\tau = \begin{pmatrix} 1 & 2 & 3 & 4 & 5 \\ 4 & 5 & 2 & 1 & 3 \end{pmatrix}$

4-5. $\tau^{-1} = \begin{pmatrix} 1 & 2 & 3 & 4 & 5 \\ 5 & 2 & 3 & 1 & 4 \end{pmatrix}$

4-6. 計算だけなので省略

第5章

5-1. 任意の $a, b \in G$ について，$f(ab)=(ab)^2=abab=aabb=a^2b^2$ $=f(a)f(b)$ なので，f は群準同型である。

5-2.

 (a) $e \in H$ で $f(e)=e'$ なので，$e' \in f(H)$
 (b) $a, b \in H$ に対して $f(a), f(b) \in f(H)$ であるが，$f(a)f(b)=f(ab)$ で $ab \in H$ なので $f(a)f(b) \in f(H)$
 (c) $a \in H$ に対して $f(a) \in H$ であるが，$f(a)^{-1}=f(a^{-1})$ であり $a^{-1} \in H$ なので $f(a)^{-1} \in H$

以上より，$f(H) < G'$ である。

5-3. $\begin{pmatrix} 2 & 1 & 3 & 4 & 5 \\ 4 & 5 & 3 & 1 & 2 \end{pmatrix} = \begin{pmatrix} 1 & 2 & 3 & 4 & 5 \\ 5 & 4 & 3 & 1 & 2 \end{pmatrix}$

5-4. $g, h \in G$ に対して，$i_g \circ i_h = i_{gh}$ を示せばよい。任意の $a \in G$ について，

$$i_{gh}(a) = gha(gh)^{-1} = ghah^{-1}g^{-1} = g(hah^{-1})g^{-1} = i_g(hah^{-1}) = i_g(i_h(a))$$

これが任意の $a \in G$ について成り立つので，$i_{gh} = i_g \circ i_h$ である。

5-5.

(1) 転倒数 $= 4$，符号 $= 1$

(2) 転倒数 $= 4$，符号 $= 1$

(3) 転倒数 $= 3$，符号 $= -1$

5-6. 任意の $g \in G$ に対して，$g \in H$ なら $gH = H = Hg$ であり，$g \notin H$ なら，左コセット gH と右コセット Hg はどちらも H の G における補集合になるから $gH = Hg$ となる。いずれにしても $gH = Hg$ なので，$H = gHg^{-1}$ である。

5-7.

(1) $(1\,2\,4)(3)$，型は $(3, 1)$，符号は 1

(2) $(1\,3\,4)(2\,5)$，型は $(3, 2)$，符号は -1

(3) $(1\,4)(2\,5\,3)(6)$，型は $(3, 2, 1)$，符号は -1

5-8. 命題 2.3.1 と命題 2.2.3 からわかる。

5-9.

(1) $(1\,4)(1\,2)$

(2) $(1\,4)(1\,3)(2\,5)$

(3) $(1\,4)(2\,3)(2\,5)$

5-10.

(1) N は 1, 2, 3 の偶置換の全体 A_3 に等しい。よって，$N \triangleleft S_3$ である。

(2) K は S_4 の中で型 (1) のもの（すなわち単位元）と型 (2, 2) の要素すべてからなっている。よって，定理 2.4.1 より，$K \triangleleft S_4$ である。

第 6 章

6-1. $\mathbb{Q}(\sqrt[3]{2})$ の任意の要素は

$$a + b\sqrt[3]{2} + c\sqrt[3]{2}^2 \quad (a, b, c \in \mathbb{Q})$$

の形であり，$\mathrm{Aut}(\mathbb{Q}(\sqrt[3]{2})/\mathbb{Q}) = \{\mathrm{id}\}$ であった（例題 1.4.2）。よって，$\mathbb{Q}(\sqrt[3]{2})^G = \mathbb{Q}(\sqrt[3]{2}) \neq \mathbb{Q}$（$G = \mathrm{Aut}(\mathbb{Q}(\sqrt[3]{2})/\mathbb{Q})$）なので，$\mathbb{Q}(\sqrt[3]{2})/\mathbb{Q}$ はガロア拡大でない。

6-2. $\mathbb{Q}(\sqrt[3]{2}, \omega)/\mathbb{Q}$ は $x^3 - 2$ の $\mathbb{Q}$ 上の最小分解体である（第 3 章演習問題 3-4）から，$\mathbb{Q}$ 上のガロア拡大である。

別解．$E = \mathbb{Q}(\sqrt[3]{2}, \omega)$，$M = \mathbb{Q}(\omega)$ とする。$\mathbb{Q} \subseteq M \subseteq E$ である。$E = M(\sqrt[3]{2})$ で，$\sqrt[3]{2}$ の M 上の最小多項式は $x^3 - 2$ であるから，E の要素は

$$a + b\sqrt[3]{2} + c\sqrt[3]{2}^2 \quad (a, b, c \in M)$$

の形である。特に，E は M 上 3 次元である（第 2 章定理 2.2.5 参照）。また，ω の $\mathbb{Q}$ 上の最小多項式は $x^2 + x + 1$ なので，M の要素は

$$a + b\omega \quad (a, b \in \mathbb{Q})$$

の形である。特に，M は $\mathbb{Q}$ 上 2 次元である。よって，E は $\mathbb{Q}$ 上 6 次元であり，E の要素は

$$a + b\omega + c\sqrt[3]{2} + d\omega\sqrt[3]{2} + e\sqrt[3]{2}^2 + f\omega\sqrt[3]{2}^2 \quad (a, b, c, d, e, f \in \mathbb{Q})$$

の形に一意的に書ける。例題 1.4.3 の記号を用いると，

$$\sigma(a+b\omega+c\sqrt[3]{2}+d\omega\sqrt[3]{2}+e\sqrt[3]{2}^{2}+f\omega\sqrt[3]{2}^{2})$$
$$=a+b\omega+c\omega\sqrt[3]{2}+d\omega^{2}\sqrt[3]{2}+e\omega^{2}\sqrt[3]{2}^{2}+f\sqrt[3]{2}^{2}$$
$$=a+b\omega-d\sqrt[3]{2}+(c-d)\omega\sqrt[3]{2}+(f-e)\sqrt[3]{2}^{2}-e\omega\sqrt[3]{2}^{2}$$
$$\tau(a+b\omega+c\sqrt[3]{2}+d\omega\sqrt[3]{2}+e\sqrt[3]{2}^{2}+f\omega\sqrt[3]{2}^{2})$$
$$=a+b\omega^{2}+c\sqrt[3]{2}+d\omega^{2}\sqrt[3]{2}+e\sqrt[3]{2}^{2}+f\omega^{2}\sqrt[3]{2}^{2}$$
$$=(a-b)-b\omega+(c-d)\sqrt[3]{2}-d\omega\sqrt[3]{2}+(e-f)\sqrt[3]{2}^{2}-f\omega\sqrt[3]{2}^{2}$$

ここで，$\omega^{2}=-1-\omega$（ω の最小多項式は $x^{2}+x+1$ なので）を用いた。これらが $a+b\omega+c\sqrt[3]{2}+d\omega\sqrt[3]{2}+e\sqrt[3]{2}^{2}+f\omega\sqrt[3]{2}^{2}$ に等しいとすると，係数を比較して $b=c=d=e=f=0$ となる。すなわち，$E^{G}=\mathbb{Q}$ $(G=\mathrm{Aut}(E/\mathbb{Q}))$。よって，$E/\mathbb{Q}$ はガロア拡大である。 $\square$

第 7 章

7-1. $\alpha\in E$ を任意の元とし，α の K 上の任意の共役が，K に属することを示す。$\alpha\in K$ なら，α の K 上の共役は α のみであるから自明である。$\alpha\notin K$ なら，例題 1.2.2 の解と同様に，その K 上の最小多項式 $q(x)$ は 2 次式であり，その解はすべて E に属する。

7-2. φ, $\psi\in\mathrm{Fix}_{G}(M)$ のときに，任意の $a\in M$ について

$$\varphi\circ\psi(a)=\varphi(\psi(a))=\varphi(a)=a$$

なので，$\varphi\circ\psi\in\mathrm{Fix}_{G}(M)$ に入っている。また，$\varphi(a)=a$ であるから，両辺に φ^{-1} を施すことによって $a=\varphi^{-1}(a)$ を得る。これは $\varphi^{-1}\in\mathrm{Fix}_{G}(M)$ であることを示している。もちろん，$\mathrm{Fix}_{G}(M)$ は G の単位元 id_{E} を含んでいるから，確かに $\mathrm{Fix}_{G}(M)$ は G の部分群である。

7-3. E の要素

$$a+b\omega+c\sqrt[3]{2}+d\omega\sqrt[3]{2}+e\sqrt[3]{2}^{2}+f\omega\sqrt[3]{2}^{2} \quad (a, b, c, d, e, f\in\mathbb{Q})$$

について

$$\sigma^2\tau(a + b\omega + c\sqrt[3]{2} + d\omega\sqrt[3]{2} + e\sqrt[3]{2}^2 + f\omega\sqrt[3]{2}^2)$$
$$= a + b\omega^2 + c\omega^2\sqrt[3]{2} + d\omega\sqrt[3]{2} + e\omega\sqrt[3]{2}^2 + f\sqrt[3]{2}^2$$
$$= (a-b) - b\omega - c\sqrt[3]{2} + (d-c)\omega\sqrt[3]{2} + f\sqrt[3]{2}^2 + e\omega\sqrt[3]{2}^2$$

よって，$\sigma^2\tau$ で不変であるという条件は，$b=0$，$c=0$，$f=e$ であること，つまり，

$$a + d\omega\sqrt[3]{2} - e\omega^2\sqrt[3]{2}^2$$

という形であることである。よって，この場合は

$$E^H = \mathbb{Q}(\omega\sqrt[3]{2})$$

である。

7-4．次はガロア拡大である。

$$E/\mathbb{Q}(\sqrt[3]{2}),\ E/\mathbb{Q}(\omega^2\sqrt[3]{2}),\ E/\mathbb{Q}(\omega\sqrt[3]{2}),\ E/\mathbb{Q}(\omega),\ \mathbb{Q}(\omega)/\mathbb{Q}$$

このうち，最初の 4 つのガロア群は，それぞれ

$$\{1,\ \tau\},\ \{1,\ \sigma\tau\},\ \{1,\ \sigma^2\tau\},\ \{1,\ \sigma,\ \sigma^2\}$$

である。また，

$$\mathrm{Gal}(\mathbb{Q}(\omega)/\mathbb{Q}) = G/\{1,\ \sigma,\ \sigma^2\}$$

であり，その位数は $6/3 = 2$ である。

第 8 章

8-1.

$$\xi\eta = (\alpha + \omega^2\beta + \omega\gamma)(\alpha + \omega\beta + \omega^2\gamma)$$

$$= \alpha^2 + \beta^2 + \gamma^2 - (\beta\gamma + \gamma\alpha + \alpha\beta)$$
$$= (\alpha + \beta + \gamma)^2 - 3(\beta\gamma + \gamma\alpha + \alpha\beta) = -3a$$

（ここで，$\omega^2 + \omega + 1 = 0$ を用いている）

8-2. $\xi^3 + \eta^3 = (\xi + \eta)^3 - 3\xi\eta(\xi + \eta)$ である。これを計算するためには，$\xi + \eta$ の値を計算する必要がある。

$$0 = \alpha + \beta + \gamma$$
$$\xi = \alpha + \omega^2\beta + \omega\gamma$$
$$\eta = \alpha + \omega\beta + \omega^2\gamma$$

これを縦にたして，$\omega^2 + \omega + 1 = 0$ を用いると，

$$\xi + \eta = 3\alpha$$

となる。よって，

$$\xi^3 + \eta^3 = (\xi + \eta)^3 - 3\xi\eta(\xi + \eta) = 3^3\alpha^3 - 3(-3a)3\alpha = 3^3(\alpha^3 + a\alpha) = -3^3 b$$

ここで，α が p.167 の方程式（∗）の解であること（$\alpha^3 + a\alpha + b = 0$）を使った。

第9章

9-1. k と n の最大公約数を d として，$k = k_1 d$, $n = n_1 d$（k_1, n_1 は自然数）とすると，kn_1 は n の倍数なので，$\zeta_n^{kn_1} = 1$ である。よって，ζ_n^k が 1 の原始 n 乗根なら，$d = 1$ でなければならない。逆に $d = 1$ のとき，$\zeta_n^{km} = 1$ とすると km は n の倍数で k と n が互いに素なので m が n の倍数となる。よって，ζ_n^k は 1 の原始 n 乗根である。

9-2.

   （1）$\varphi(6) = 2$ なので 1 の原始 6 乗根は 2 つある。ω, ω^2 を 1 の原始 3 乗根とすると，$-\omega$ と $-\omega^2$ は確かに 1 の原始 6 乗根なので，

$$\Phi_6(x) = (x + \omega)(x + \omega^2) = x^2 - x + 1$$

また，$\varphi(8) = 4$ なので，1 の原始 8 乗根は 4 つある。全部で 8 個ある 1 の 8 乗根のうち，

$$\pm 1, \quad \pm i$$

の 4 つ（1 の 4 乗根）は原始 8 乗根ではないので，これ以外が 1 の原始 8 乗根である。よって，

$$\Phi_8(x) = \frac{x^8 - 1}{x^4 - 1} = x^4 + 1$$

（2）$n = p$ が素数のとき，$\varphi(p) = p - 1$ なので 1 でない 1 の p 乗根はすべて 1 の原始 p 乗根であるから

$$\Phi_p(x) = \frac{x^p - 1}{x - 1} = x^{p-1} + \cdots + x^2 + x + 1$$

9-3. 3 次式 $x^3 - 2$ が $F = \mathbb{Q}(\omega)$ 上で可約なら，必ず 1 次の因子をもつので，F の中に解をもつことになる。つまり，F の要素で，その 3 乗が 2 になるものが存在することになる。F の任意の要素は

$$a + b\omega \quad (a, b \in \mathbb{Q})$$

と書ける。$(a + b\omega)^3 = a^3 + 3a^2 b\omega + 3ab^2 \omega^2 + b^3$ の実部と虚部を書くと

$$\text{実部} = a^3 - \frac{3}{2}a^2 b - \frac{3}{2}ab^2 + b^3, \quad \text{虚部} = \frac{3\sqrt{3}\,i}{2}ab(a - b)$$

$(a + b\omega)^3 = 2$ とすると虚部 $= 0$ なので，$a = 0$ または $b = 0$ または $a = b$ となる。$a = 0$ なら実部を見て $b^3 = 2$ とならなければならないが，$x^3 - 2$ は $\mathbb{Q}$ 上既約（第 2 章演習問題 2-5 参照）なので，これは矛盾。同様に $b = 0$ でも矛盾する。よって，$a = b$ となるが，このとき実部を見ると $-a^3 = 2$ となるが，これは a と $-a$ を取り換えれば結局 $a^3 = 2$ に帰着して，これも矛盾である。

9-4. $x^6 - 2$ は F 上既約である（証明略。$F(\sqrt[6]{2})$ の F 上の拡大次数が 6 であ

ることを言えばよいので，$\sqrt[6]{2}$ が $F(\sqrt[3]{2})$ に属さないことを示せばよい）。$-\omega$ は 1 の原始 6 乗根で，これは F に属するので，求める最小分解体は $F(\sqrt[6]{2})$ である。例 1.3.2 と同様に考えて，ガロア群は

$$\sigma(\sqrt[6]{2}) = -\omega\sqrt[6]{2}$$

で定まる σ で生成される，位数 6 の巡回群である。

9-5. $x^6 - 4 = (x^3 - 2)(x^3 + 2)$ であり，$x^3 + 2 = 0$ の根は

$$-\sqrt[3]{2}, \quad -\omega\sqrt[3]{2}, \quad -\omega^2\sqrt[3]{2}$$

であるから，F 上では $E = F(\sqrt[3]{2})$ が $x^6 - 4$ の最小分解体である。よって，例 1.3.2 と同じガロア群 $G = \langle \sigma \rangle$ $\left(\sigma(\sqrt[3]{2}) = \omega\sqrt[3]{2} \right)$ をもつ。

第 10 章

10-1. $\sigma(\theta_1) = \sigma(\beta_{14}\beta_{23}) = \beta_{24}\beta_{31} = \theta_2$，$\tau(\theta_1) = \tau(\beta_{14}\beta_{23}) = \beta_{14}\beta_{32} = \theta_1$ と計算される。他も同様。

10-2. 計算だけなので略。

第 11 章

11-1. $gh = hg$ であるとき，両辺に右から g^{-1} と h^{-1} をこの順序でかけて $ghg^{-1}h^{-1} = e$ となる。逆に，$ghg^{-1}h^{-1} = e$ なら，h と g を右からこの順序でかければ $gh = hg$ となる。

11-2. 次のように式変形すればよい。

$$a[g, h]a^{-1} = a(ghg^{-1}h^{-1})a^{-1} = aga^{-1} \cdot aha^{-1} \cdot ag^{-1}a^{-1} \cdot ah^{-1}a^{-1}$$
$$= aga^{-1} \cdot aha^{-1} \cdot (aga^{-1})^{-1} \cdot (aha^{-1})^{-1}$$

$$= [aga^{-1}, aha^{-1}]$$

11-3. 次のように式変形すればよい。

$$[(a\,b\,d),\,(a\,c\,e)] = (a\,b\,d)(a\,c\,e)(a\,b\,d)^{-1}(a\,c\,e)^{-1}$$
$$= (a\,b\,d)(a\,c\,e)(a\,d\,b)(a\,e\,c)$$
$$= (a\,b\,c)$$

第12章

12-1.（図12.1を参照）0と1が作図可能なので，実軸は作図可能である。0を中心として a を通る円と実軸の交点をとると，$-a$ が作図される。0を通る実軸の垂線を作図できる（例えば，a と $-a$ をそれぞれ中心とし，他方を通る2円の交点と0を通る直線をとる）。これと最初の円の交点をとると ai が作図できる。以上の逆も同様に考えればよい。

12-2. b が作図可能なので，演習問題12-1より bi が作図可能である。a を通る実軸の垂線を作図できる（例えば，a と中心とし0を通る円を作図することで $2a$ ができるが，$0, a, 2a$ を用いて演習問題12-1の解答のように a を通る実軸の垂線を作図すればよい）。同様に，bi を通り虚軸に垂直な直線を作図できる。これらの交点が $a+bi$ である。

　逆に $a+bi$ が作図可能とする（以下，図12.2を参照）。$a+bi$ を中心とし0を通る円を考え，実軸との2つ交点をそれぞれ中心とし，$a+bi$ を通る2円の交点を考えれば，$a+bi$ を通る実軸の垂線を引くことができる。これと実軸との交点が a である。bi も同様に作図できる。最後に，演習問題12-1より b が作図可能である。

12-3. a, b が作図可能なので $a+bi$ が作図可能である（演習問題12-2）。a を中心として $a+bi$ を通る円と実軸の交点を考える。b が正の場合は a の右の交

点を，b が負の場合は a の左の交点をとれば $a+b$ である。

　複素数 α, β について，演習問題 12-2 より各々の実部と虚部を作図できるので，$\alpha+\beta$ の実部と虚部も作図可能である。よって，再び演習問題 12-2 より $\alpha+\beta$ も作図可能である。

12-4.（図 12.3 を参照）一般に，作図可能な点を通り作図可能な直線に平行な直線を作図することができる（垂線を 2 回引けばよい）。b が作図可能なので bi が作図できる。a と i を通る直線に平行で bi を通る直線と実軸との交点が ab である。

　複素数 α, β について，$\alpha\beta$ の実部と虚部は α, β の実部と虚部の和と積で書けるので作図可能である。

12-5. 図 12.3 のように作図すれば $a^{-1}i$ が作図される。演習問題 12-1 より a^{-1} が作図される。

　複素数 $\alpha \neq 0$ について，α^{-1} の実部と虚部は a の実部と虚部についての四則演算で書けるので作図可能である。

文献案内

　ガロア理論やガロアについての文献は，多く出版されている。それぞれ自分に合ったものを上手に選んで学修することが望ましい。以下に挙げるのは，ほんの一部である。

▶結城浩『数学ガール／ガロア理論』SB クリエイティブ　　　（2012 年 5 月 30 日）

有名な『数学ガール』シリーズ中の一冊。予備知識がそれほどない読者向けに，わかりやすく丁寧に解説されており，入門書として最適との定評がある。

▶矢ヶ部巌『数 III 方式　ガロアの理論』現代数学社；新装版

（2016 年 2 月 25 日）

昔の高校数学課程の「数 III」くらいの難易度を仮定して，高校生との対話を通じてガロア理論を解説する。あまり現代数学的な抽象論ではなく，ラグランジュやルフィニ，アーベル，ガロアらの当初のアイデアを中心に論を進めている。抽象代数学による総合的理解を意図的に避けているので，読み通すにはそれなりの忍耐が必要かと思われるが，19 世紀のオリジナルに近い形のアイデアがよくわかる。

▶アルティン『ガロア理論入門』寺田文行訳，ちくま学芸文庫

（2010 年 4 月 7 日）

ガロア理論の本格的かつクラシックなテキストとして，変わらぬ定評を保っている。ガロア理論におけるさまざまな定理を，基本的にはすべて線形代数に帰着するところに特徴がある。

▶桂利行『代数学 III　体とガロア理論』東京大学出版会　　　（2005 年 9 月）

本格的な代数学の教科書の分冊でガロア理論を扱っているもの。ページ数はそれほど多くなく簡潔であるが，基本的にはすべてのことに証明がついている。

ガロアの生涯に関する伝記については下記がある。

▶加藤文元『ガロア 天才数学者の生涯』角川ソフィア文庫　　　（2020 年 1 月 23 日）

筆者が 2010 年 12 月に中公新書から刊行したガロアの伝記の文庫版である。ガロアは同時代
人から不当に扱われていたとか，コーシーによる一方的な無理解があったなどという（不幸
な）通説を検証し，できるだけ史実と当時の社会の雰囲気を忠実に再現することを目指して
いる。また，ガロアの 1832 年 5 月の決闘の経緯についても詳しく検討している。

また，ガロアの伝記とガロア理論の紹介が一冊になった，ちょっと珍しいタ
イプの本として次がある。

▶ P. デュピュイ・辻雄『ガロアとガロア理論』辻雄一訳，東京図書

（2016 年 12 月 7 日）

この本にはポール・デュピュイ（Paul Dupuy, 1856~1948）が 1896 年に著した『エヴァリス
ト・ガロアの生涯』の翻訳に加えて，辻雄氏によるガロア理論の概説的説明及び類体論や現
代的な数論幾何学への入門的説明もある。

索 引

装丁・本文レイアウト　國枝達也
校正　宮本和直
　　　パーソル メディア スイッチ
　　　メディア企画部 校閲グループ
DTP　フォレスト

加藤文元（かとう　ふみはる）
1968年、宮城県生まれ。東京工業大学理学院数学系教授。97年、京都大学大学院理学研究科数学・数理解析専攻博士後期課程修了。九州大学大学院助手、京都大学大学院准教授などを経て、2015年より現職。著書に『宇宙と宇宙をつなぐ数学　IUT理論の衝撃』（KADOKAWA）、『ガロア　天才数学者の生涯』（角川ソフィア文庫）、『物語　数学の歴史　正しさへの挑戦』『数学する精神　正しさの創造、美しさの発見』（以上、中公新書）『数学の想像力　正しさの深層に何があるのか』（筑摩選書）など。

ガロア理論12講（りろんこう）
概念と直観でとらえる現代数学入門（がいねんちょっかんげんだいすうがくにゅうもん）

2022年7月21日　初版発行

著者／加藤文元（かとうふみはる）

発行者／青柳昌行

発行／株式会社KADOKAWA
〒102-8177　東京都千代田区富士見2-13-3
電話　0570-002-301（ナビダイヤル）

印刷・製本／大日本印刷株式会社